桜鱒の棲む川

水口憲哉

フライの雑誌社

I
美しき頑固もの、サクラマス
プロローグ―桜鱒の棲む川をめぐる旅の始めに 005
いつから「サクラマス」と呼ばれるようになったのか／サクラマスの一族には四つの亜種がある／北海道での呼称「ヤマベ」は本州から伝わった／スローでマイペース、したたかな頑固もの、サクラマス／この一〇〇年でサクラマスの生息環境は激変した／川が川でなくなった時サクラマスは途絶える

II
サクラマス・ロマネスク 015
六億六千万円かけて遡上ゼロの「県の魚」 016
コラム① サクラマスの起源を考える 022
サクラマスのロマンと資源管理 024
コラム② ヤマメとサクラマスとを分ける鍵、スモルト化 030
二一〇年前のサクラマス漁獲量を読み解く 032
コラム③ サクラマスの海洋生活と母なる川 038

III
サクラマスよ、故郷の川をのぼれ 041
山形県・小国川 ダムのない川の「穴あきダム」計画を巡って 042
コラム④ カワシンジュガイは氷河時代からのお友達 048
山形県・赤川 サクラマスのふ化放流事業は失敗だったのか 050
コラム⑤ 信州の高原にサクラマスが遡った日 056
秋田県・米代川 サクラマスの遊漁対象化と増殖事業との複雑な関係 058
富山県・神通川 サクラマス遊漁規制の経緯とその影響 064
コラム⑥ 「戻りヤマメ」とは何だろう 072
福井県・九頭竜川 九頭竜川は〈世界に誇れるサクラマスの川〉になるか 074

桜鱒の棲む川 CONTENTS

コラム⑦ 自由なサクラマス釣りの魅力とその未来 080

石川県・犀川 南端のサクラマスと辰巳穴あきダム訴訟 082

コラム⑧ 湖に閉じ込められたサクラマスたち 088

新潟県・三面川ほか 新潟サクラマス釣り場の現状と問題点 090

コラム⑨ 中禅寺湖のホンマス、木崎湖のキザキマスの正体は 096

岩手県・安家川 サクラマスよ、ウライを越えよ 098

青森県・老部川 原発、温廃水、サクラマスの〈ブラックボックス〉 108

コラム⑩ 海と川のサクラマス、どちらがおいしいか 114

岩手県・気仙川 サクラマスが群れる川のダム計画 116

コラム⑪ はじめに人工ふ化放流ありき 126

したたかに生き延びよ、サクラマス 128

コラム⑫ マリンランチング計画という悪い冗談 134

北海道・斜里川ほか 北の大地のサクラマス、特別な事情 136

コラム⑬ 内村鑑三とサケ・マス増殖事業 144

岐阜県・長良川 長良川河口堰とサツキマスの自然産卵 146

Ⅳ ダムをやめれば、サクラ咲く 157

レッドデータブックを疑え 158

コラム⑭ キツネのチャランケ 164

ダムをやめれば、サクラ咲く 166

コラム⑮ サクラマスは故郷の川でしか生きられない 176

エピローグ― 桜鱒の棲む川のほとりで 178

あとがき 188

サケとマスについてもっと語り合いたかった
加藤史彦さんと萱野茂さんに

Ⅰ

美しき頑固もの、サクラマス

富山県庄川のサクラマス（撮影：田子泰彦）

プロローグ

桜鱒の棲む川をめぐる旅の始めに

いつから「サクラマス」と呼ばれるようになったのか

学名がどうの種名がどうのという以前に、サクラマスという標準和名がいつ頃、誰によって使われだしたかをまず見てみよう。

一〇〇〇年以上昔の延喜式《えんぎしき》（平安時代中期に編纂された律令細則）に、〝腹赤魚〟とあるのがサクラマスと考えられる。筑後と肥後から献ぜられたとあるので、今ヤマメのいる川に当時はサクラマスが遡上していたのかもしれない。その後、ずっと「鱒」と呼ばれていた。サクラマスの名の由来を、真山紘《まやまひろし》さん（元さけ・ます資源管理センター調査研究課長）に教えていただいた。以下に整理する。

サクラマスという名称が学術論文に登場するのは、大島正満の、〝ヤマメ・アマゴの系統と生活史に関する二、三の知見〟（一九二九／自然科学第四巻一号）で、和名として「マス」と「サクラマス」が連記されている。そこでは〝産卵期には美しい虹色をおびるようになる。サクラマスという名は桜が咲くころに漁獲されるから名付けられたといわれているが、産卵期の体色がその名の由来であると考えられる。〟としている。

サクラマスの生活史を明らかにした水産研究者大野磯吉も一九三一年以降は一貫している。同じ北海道の水産技師半田芳男はその著書『鮭鱒人工蕃殖論』（一九三二）で、〝海にて成育するものは二、三年目の早春遡河する口黒鱒及桜鱒と三、四年目に遡河する普通の鱒とあり、口黒鱒と称せらるるは口の内部黒色を呈するものにして、桜鱒と称せらるるは口黒鱒の来遊せる後恰も桜花の咲く頃に遡河す。何れも普通の鱒に比して小型なり。大形なる鱒は六月より九月に亘り遡河す。〟として、一九三八年になっても「マス」という名称を用いて「サクラマス」は方言との扱いをしている。遡上群に三つあるというのが興味深い。

サケ・マスの人工ふ化放流事業では、それまで「鱒」として一緒にされていたカラフトマスとサクラマスが区別されたのが一九三六年以降であるから、北海道では技術者でさえそれほど関心が高くなかったのかもしれない。

サクラマスの一族には四つの亜種がある

サクラマスの仲間にはビワマス、サラマオマス、ヤマメ、アマゴ、サツキマスがいるが、これらはどのように区別され、人々の見方が確定していったのか。

これも大島正満（一九二九、一九五九）がほとんど整理している。ビワマスはサクラマスと同じく一九二九年の論文で、新称としてビワマスと命名している。同論文では、本州のヤマメと北海道のヤマベは全くの同一種であると結論づけている。そしてヤマメについては、〝概括的にいえばサクラマスの淡水性のもので、成熟はするが、終生幼魚の形態を保つものである。〟と定義している。このときには、アマゴは琵琶湖の沿岸でアマゴと呼ばれているビワマスの幼魚と同じであると考えている。

そして一九五七年の『桜鱒と琵琶鱒』では、三〇有余年のサクラマス一族研究の結果として次のようにまとめている。⑴一九一九年にジョルダンと共に *Oncorhynchus masou formosanus* と学名を与えて報告したサラマオマスはヤマメと同様である。⑵木曽川で採集されたカワマスと呼ばれている鱒は琵琶鱒の降海型である。⑶アマゴは琵琶鱒の河川陸封型である。⑷桜鱒並びに琵琶鱒は遺伝的形質を異にする別種であり、その両者から分派するヤマメとアマゴは明確な別種である。

それ以降の研究ではコラム①に示すように、サクラマス（ヤマメ）、サツキマス（アマゴ）、ビワマス、サラマオマスの四亜種が存在するとされるようになった。なおこれらサクラマス一族の分布域では、それぞれシーマ（ロシア）、山川魚（朝鮮）、大甲鱒／桜花鉤吻鮭（台湾）、イチャニウ（ホリを掘るものの意）／サキペ（夏の魚）／キッレッポ（降海型）（以上はアイヌ）などと呼ばれている。

北海道での呼称「ヤマベ」は本州から伝わった

サクラマスの一生の各段階での呼び名を、久保達郎（一九七四）『サクラマス幼魚の相分化と変態の様相』は、⑴アルヴァン・前期稚魚　⑵フライ・後期稚魚　⑶パー・幼魚　これが河川残留パーとならずに銀毛となり一〇センチほどで海に下ったものを、⑷スモルト・ギンケヤマベとしている。成熟したオスのパーであるダークパーを、北海道の釣り人はサビヤマベ、クロコ、翌春のやや成長したものをオツネンヤマベ（越年ヤマベ）と呼ぶとしている。パー（幼魚）、銀毛パー、中型パーをひっくるめて新子《シンコ》と呼んでいるともしている。

北海道ではサクラマスの幼魚や本州でいうヤマメをひっくるめて、ヤマベと呼ぶ。アイヌの人々はこれらの魚をキッラ（すばしこく逃げる）、ポンキッラ（小さいヤマベ）、キッラメ、ヤイチエップ（ふつうの魚）などと色々に呼ぶが、ヤマベという呼び名はアイヌ語とは全く関係がないらしい。

鈴野藤夫（二〇〇二）『魚名文化圏［ヤマメ・アマゴ編］』によると、西日本での河川残留型のサクラマスの呼称である〝ヤマメ〟が、ヤマベの語源ではないかと考えられている。

驚いたのは、現在北海道中心に広く分布しているヤマベという呼称は、関東地方から青森県にかけて使われていたものが江戸時代に津軽海峡をわたり、北海道南部の松前を中心とした地域で使われるようになったという記述である。鈴野は、「明治二年（一八六九）に蝦夷地が北海道と改称され、開発の波が海岸から、次第に未開の内陸部を蚕食するのと歩調を合わせて、ヤマベも侵出したといえるだろう。」としている。

スローでマイペース、したたかな頑固もの、サクラマス

シロザケは日本列島に産卵河川をもち、それがカラフトマスでは道東を主とした北海道と狭いが、共に漁獲量が多い。私たちになじみのあるその二種と、サクラマスの生活史とを比較してみる。次ページの表でそれを整理した。シロザケとカラフトマスは、オホーツク海で夏を過ごし秋の寒冷化と共に太平洋へ出てゆき、遠くアリューシャン列島やアラスカ湾の南にまで回遊し越冬する。対してサクラマスは海での回遊域が近小で、日本海などへ南下して冬を過ごす。この生態は日本海の成立過程ともからみ、サクラマスに固有の進化の道筋を示していると言えるかもしれない。

シロザケ、カラフトマス、サクラマス三種の母川回帰性の違いは、そこに生活史と環境の人為的変化との関係がからむと、人工ふ化放流での「回帰率」や「回収率」の違いとなって現れてくる。魚たちの回帰性と生活史は以前から変わらないし、変えられない。しかし環境と漁獲は人為的に変わるし、変えられる。

表：シロザケ、カラフトマス、サクラマスの生態と生活史の比較

	日本列島における産卵河川の分布	生活史の多様性	河川残留型	湖沼陸封型	海洋生活の期間	海での回遊域	太平洋での漁獲量	母川回帰性	河川への遡上時期	産卵場所
シロザケ	広い	小さい	無	無	1-5年	遠大	多い	やや緩やか	10-12月	中流域
カラフトマス	狭い	小さい	無	無	1年	中位	多い	かなり弱い	7-10月	下流域
サクラマス	**広い**	**大きい**	**有**	**有**	**1年**	**近小**	**とても少ない**	**確実で強い**	**4-6月**	**上流域と支流**
本書の参考コラムNo,	③	①②⑥	①②⑥	①⑧⑨	③⑥	③		⑮	⑩	

こういった関係がサクラマスではどうなっているのかを、本書では考えてゆきたい。

サクラマスがどんな魚であるかは、シロザケ（サケ）と比べてみるとよく分かる。サケが大量に獲れて生活史が単純で分かりやすいのに対して、サクラマスは少量で多様性が大きく分かりにくい。そんなサクラマスを形容するための言葉として、次のような言葉を考えた。**スローでマイペース、複雑系で見えにくい、したたかな頑固もの。**これらの中身は本書を読み進むにつれてだんだん見えてくると思う。

この一〇〇年でサクラマスの生息環境は激変した

サクラマスの生活史や生態というか性格は何万年と変わっていない。しかしこの一〇〇年は人々の関り方が次々といろいろな形で強まりサクラマスとぶつかっている。

海での漁獲の拡大と強化、川での親魚の漁獲と釣獲、河川のダムなどの工作物の建設、河川の汚染と環境改変、人工ふ化放流事業等々。本書ではこれらの項目一つ一つについて深く追求しようとするものではなく、サクラマスにとってそれがどのようなものとして影響しているかを見てみる。

筆者とサクラマスとの関わりは、岩手県安家川《あっかがわ》の河口のウライ（魚止め）をどうにかできないか、から始まった。そしてそれは桜鱒の棲む川はどうなっているのかを調べる旅となっていった。これまで何のためらいもなく建設されつづけてきたダムを、どうにかならないのかという人々の思い、もっとサクラマスが釣れたらよいという釣り人の願い。その流れの中で、サクラマスの増殖をもう一度考え直してみようという国や県の研究者の働きに、つき動かされての調べものとなった。結果として、それまで関心の薄かった北海道におけるサクラマスがだんだんと見えてくるようにもなった。

川が川でなくなった時サクラマスは途絶える

太平洋のサケ属のルーツにあたるサクラマスの仲間が、いまレッドデータブックで取り上げられ、生存するギリギリの状態にある。本書ではその様子を日本各地の川、一本一本で見てゆく。川が川でなくなったらサクラマスは途絶えてしまう。人の手ではつくることのできない、まさに自然そのものである。各地でそのように考え、活動している人々は多い。

だが、サクラマスという魚がどんなものであって、私たちがどのように対応すればいつまでもつき合い続けられるのかを、もう一つ分かっていない人も多いようである。筆者自身も安家川のサクラマスを調べるまではそうだった。いまこの『桜鱒の棲む川』をまとめるにあたって、どのようにすればいいのかの方向性が見えてきたように思う。

北東アジアの大地と川と海の数百万年という時の流れの中で、今なお分化し、進化しつつあるサクラマス。しかし、その行く末は定かではない。その未来を確かなものにするのは、桜鱒の棲む川の沿川で、サクラマスを見守りつづける人々である。

山形県赤川のサクラマス（撮影：松田洋一）

Ⅱ サクラマス・ロマネスク

山形県最上川のサクラマス釣り（撮影：松田洋一）

六億六千万円かけて遡上ゼロの「県の魚」

「魚に優しいモデル河川」一〇年目でも、ふ化場内への遡上は一匹もない。サケよりも川の環境の影響を受けやすいサクラマスの漁獲量が年々減少している主な要因のひとつには、河川環境の悪化が考えられる。

『日本におけるサケ・マス遊漁に関する社会・経済的研究』という修士学位論文を通して、サクラマスの現状に迫ってみようと思う。本研究は東京水産大学（現東京海洋大学）大学院資源管理学専攻資源維持論研究室の古田充夫君の行なったものだ。第1章：サケ・マス遊漁研究の意味、第2章：サケ・マスを対象とした遊漁の位置付け、第3章：サケ・マスを対象魚としている釣り人の釣行実態と意識、第4章：日本におけるサケ・マス遊漁に関する事例調査、第5章：サケ・マス遊漁の今後の方向、の5章構成になっている。

第4章はⅠ：河川における〝サケ釣り〟、Ⅱ：サクラマス増殖事業にみる資源と自然、Ⅲ：釣堀化する釣り場、Ⅳ：釣堀からの脱却、に分かれている。Ⅱの「サクラマス増殖事業」では三つの事例――岩手県安家川、山形県最上川、岐阜県長良川――が検討されている。

岐阜県長良川のサツキマスについては長良川河口堰の建設と運転の結果、大橋さん兄弟のトロ流し漁（流し刺網）におけるサツキマス漁獲量の激減が、新村安雄氏の調査などで明らかになっている（146ページ）。国が「サツキマスはアマゴです」と言っていくらアマゴのふ化放流事業を行っても、川と海を遡り下りするサツキマスの生態が断ち切られてしまえばどうしようもない。

山形県では一九九二年に県民からの公募により「県の魚」をサクラマスに決めた。サクラマスが漁業対象魚種であると同時に釣りの対象魚としても人気のあることが、大きな理由となっている。山形県の内水面では一四漁協がサクラマスを漁業権魚種としており、そのうち九漁協が最上川およびその支流にある。

最上川の一支流である月布川《つきぬのがわ》には、合計七個の堰堤が設置されている。当時これらの堰堤を越えて魚類が遡上できるようにする魚道を整備する事業が、「魚に優しいモデル河川」と銘打って開始されていた。そこへサクラマスの増殖事業が関連づけられ、月布川の最上流部にサクラマス専用のふ化場が建設された。

ふ化場まで、河口からおよそ一二〇キロの流程がある。その間の魚道を整備して自然の産卵場までサクラマスを遡らせ、それを採捕して人工ふ化させて増殖しよう、という目論見である。

ふ化場ができて二年後、古田君は論文中で、〝現在の所まだ魚道は完成しておらず、その効果については明らかになっていないが、増殖への取り組み方として前の2例とは違った方向を示している。〟とした。

それから八年、二〇〇五年五月二九日の河北新報は〝里帰り一〇年待てど… サクラマス遡上ゼロ山形県のふ化場〟という見出しで、次のように報じている。

（六億六千万円かけて整備したふ化場だが） 開設一〇年目の昨シーズンまで、ふ化場内への遡上は一匹もない。手前に砂防ダムが複数あり、魚道こそ備えているが、ダムに砂が流入するなどして遡上を阻んでいるのが原因とみられる。県農林水産部生産流通課は「サクラマスは遡上前後の約2年を川で過ごすため、サケより川の影響を受けやすく、環境がよくないと生息が難しい。川に入る前に捕獲されることも多く、全体の回帰数が予想以上に少なかった」と弁明する。

サクラマスは春（二～六月）に海から遡上し、秋（九～一〇月）に上流部で産卵する。翌春生まれる稚魚は一年半を川で過ごし、海に下って一年後、体長五〇～六〇センチに成長し戻ってくる。それゆえ、右の記事の弁明中で「遡上前後の約2年を川で過ごす」と言っているのはおかしく、二年を過ごすのは「遡上後又は産卵前後」と考えた方がよい。ただしその場合、親と子二代に渡る話になる。一代で言うならば、「生まれてからの一年半と産卵までの半年間、合計一生で約二年間川で過ごす」ということになる。

とにかく、川で二年近く生活するということが、自然に海と川を往来するサクラマスの増殖を難しくしている。そこでサクラマスの増殖事業では、そのような遡上系の親マスに頼るのではなく、稚魚の時から池で養殖した親マスから採卵した稚魚を育てて放流する、池産《ちさん》系の生産に大きく切り換えられてきた。しかし池産系は回帰率が低く、魚の成長にも難があるとされ、近年サクラマスの増殖には赤信号がともりつつある。

このような状況をどう見るのか。二〇〇五年八月四日札幌で開かれた平成一七年度さけ・ます資源管理連絡会議で、水産庁のさけ・ます資源管理センターの大熊一正氏は、「サクラマス資源の現状と資源回復に向けた今後の取り組み（展望）」の講演要旨において、次のようなことを述べている。中間部分の全体の半分を引用する。

サクラマス資源はかなりの部分が自然再生産に依存してきた。そして自然再生産に付加して資源の維持拡大を行うため、ふ化・放流用の親魚が確保できる河川では稚魚放流を行ってきた。また、八〇年代以降にはスモルト化するまで人工管理した後の放流や、越冬前の幼魚の放流を組み合わせるなどの方法を用いた他、稚魚放流に際しても、放流された稚魚ができるだけ河川全体に広く分布して、河川の生産力を有効に利用できるよう、支流の上流域に放流してきた。

このような努力にもかかわらず、サクラマス沿岸漁獲量は減少し、最近では日本全体で一千トンを下回る程度にまで減っている。この主な要因の一つには、再生産環境の変化（悪化）が考えられている。これには河川の直接的影響（河川工作物、直線化など）の他、流域環境の変化（森林の伐採、林道建設）などにより、親魚の遡上と稚魚の育成の両面にわたるものが考えられる。遊漁による減耗（ヤマメ期である幼魚の釣獲、加えて本州では回帰した親魚の釣獲など）も資源の減少に影響していると考えられる。また、海洋生活期の生物特性についても、回遊経路や成長の一部がリボンタグ標識などにより把握されているだけで、まだ充分に把握されているとは言えない。更に、河川固有の系群と異なる系群が（特にヤマメ釣りを目的として）移殖放流されることにより、固有の系群と交雑したり、あるいは固有系群と入れ替わってしまうことも憂慮されている。

産卵環境が保全され、産卵親魚の密漁がなければシロザケの人工ふ化放流事業は必要ない。天然産卵にまかせればよい、というのが昔からの筆者の考え方である。一方サクラマスにおいて、自然産卵を維持し増殖するのではなく、人工ふ化放流だけにしてしまおうというのが、岩手県の安家川の事例である。

岩手県は野田村の安家川河口に、鉄筋コンクリートのウライ施設をともなう新サケ・マス親魚誘導蓄養施設を水産庁の補助事業として、総事業費約一億六千万円で一九九二年に建設した。

前記の古田君は一九九六年に現地を訪れ、この施設をつくり運営する下安家漁協とその上流四四キロを漁場とする岩泉村の安家川漁協の方々に話を聞き、資料をいただいて検討している。そのなかで、サクラマスの親魚飼育（春に遡上した親魚を秋の産卵期まで蓄用すること）や、ふ化放流の技術がいまだ研究途中であることを指摘し、自然産卵魚の遡上を妨げた上に費用をかけて人工増殖をやることに対して、いわば「未熟な増殖技術で資源を減らしているともいえるだろう」としている。

そして、「うまくいったとしてもそれはシロザケの辿った道を繰り返すことになるだろう」と続けている。

筆者は二〇〇五年秋、青森県六ヶ所村の再処理工場からの放射能たれ流しによる海洋汚染についての講演旅行で岩手県沿岸各地をめぐった。その途中の九月一日、安家川の両漁協を訪れてサクラマス増殖の現状を聞き、シロザケと共に、秋遡上のサクラマスを誘導蓄養施設で見ることができた。

安家川の場合、サクラマスに春遡上と秋遡上の二つの系群があるということが、問題をより複雑にしている。その上、春遡上群と秋遡上群共に、河川での生活が一年以上ある。とてもシロザケのようにはゆかない。

本書ではこれから本州八県と北海道のサクラマス増殖の現状を報告してゆく。安家川でどうすればよいかについても、追ってくわしく検討したい。

大西洋のノルウェーや英国でサケといえば、タイセイヨウザケ（*Salmo salar*）を指す。その生活史をまとめたジョーンズ（一九五九）の『サケ』（松井宏明訳）の解説で、一九七四年、筆者は次のように書いた。

カナダでサケ・マス類を研究しているニーヴ（一九五八）は、「サケ属の起源と種の分化」という論文の中で次のような推論を行っている。最新世初期に大西洋から北極海を通って、北米大陸沿いに太平洋に入ってきたニジマス属の祖先から、北太平洋の外れで隆起を繰り返していた日本海（の原型）において、サケ属が分化成立した。そしてそこで今から五〇～一〇〇万年前に、サケ属の祖先系であるサクラマスが出現し、再び北太平洋に分布を広げてゆく過程でより海洋生活に適応したサケ属の他の五種が分化した。太平洋に入ってきたニジマス属の祖先の太平洋東岸（北米西岸）に定着したものが、ニジマスとして分化成立した。

五〇年後の今も、ニーヴのこの見方は基本的に変わらない。ただニジマスがニジマス属（*Salmo*）からサケ属（*Oncorhynchus*）に移ったので、その点で少し見直しをすれば、タイセイヨウザケを祖先として太平洋でサクラマス（*O.masou*）からベニザケ（*O.nerka*）、ギンザケ（*O. kisutsh*）、マスノスケ（*O.tshawytscha*）、カラフトマス（*O.gorbuscha*）、シロザケ（*O.keta*）が分化成立した、ということになる。

サクラマスについて起こったことは、大原一郎さんや岡崎登志夫さんの遺伝学的研究や化石による系統地理学的研究から、次のように整理できると筆者は考えている。

太平洋から隔離された大きな湖のような日本海またはその原型に、五〇〇～三〇〇〇万年前に出現したサクラマスの祖先から、一八〇～三〇〇万年前にアジア大陸の東端に出現した第二瀬戸内海湖（現在の瀬戸内海と伊勢湾がその名残り）で、サツキマス（アマゴ／*O.masou ishikawae*）が出現した。なお岡崎登志夫さんや筆者らの研究では、同じ時期同じ場所でカワムツからタニムツが分化したと考えられる。そして、その後内陸部にとり残された古琵琶湖（四五万年前に最大最深となる）で、五〇万年または一〇～二〇〇万年前にビワマス（*O.masou rhodurus*）が分化した。

それ以降何回か繰り返されてきた氷河の前進後退の過程で、九州や本州西部日本海側では水温の低い高山部の渓流に残留するようにしてヤマメがサクラマスから分化した。

現在サケの遡上する千葉県以北と島根県以北の河川で、サクラマスは海と河川上流部を行き来し続けてきたが、サクラマスとヤマメの遺伝的分化は明確にはなっておらず、亜種として区別されることはない。また、東海・黄海まで南下回遊していたサクラマスが、台湾の高山地帯の渓流に二〇〇万年前の氷河期に残留し分岐したのが、サラマオマス（*O.masou formosanus*）だと考えられる。

以上を整理すると、現在ではサクラマスの祖先からサクラマス（ヤマメ／*O.masou masou*）、サツキマス（アマゴ）、ビワマス、サラマオマスの四亜種が分化成立したことになる。ヤマメとアマゴは降海しない河川残留型として、成魚では明確に区別できる。しかし、サクラマスの雄では降海しないものもいて、それもその割合が北で小さく南で大きい。このことについては残留型と降海型の分化との関係で、コラム②でもう少しふれる。

また、湖沼を海の代わりにして育ち大きくなって成熟し、産卵のために産まれた流入河川にもどる湖沼陸封型のサクラマスとサツキマスも発生する。湖沼陸封型についてはコラム⑧とコラム⑨でふれる。琵琶湖に流入する河川にはアマゴがいるが、ビワマスの河川残留型が存在するのか、それはアマゴとどのように区別されるのかはわかっていない。

サクラマスのロマンと資源管理

『新リア王』に描かれた、サクラマスのロマン。しかしサクラマスの実体は小説よりももっと面白い。謎だらけである。

高村薫に『新リア王(上、下)』(二〇〇五年一〇月二五日発行)という小説がある。高村薫は好きな作家で、これまで、『マークスの山』、『神の火』、『照柿』、『晴子情歌(上、下)』等々、著作はほとんど読んでいるが『新リア王』には参ってしまった。

その理由の一番目は、この小説が、筆者が原発や再処理工場のことでここ三〇年ほど通っている青森県下北半島を舞台にした原子力開発というか地域開発をめぐる風土と政治の葛藤に、真正面から取り組んでいること。二番目には上下巻合わせて八七一ページの長編のなかで、一〇ヶ所一〇数ページにわたってサクラマスにふれていることである。

二〇〇四年八月末から九月にかけて、六ヶ所村の再処理工場からの放射能たれ流しによる海洋汚染について岩手県の久慈市、宮古市、陸前高田市と講演をした。その途中で安家川のサクラマスを見てサクラマスの調査を始めたものにとっては、その因縁にただ驚くのみである。

二〇〇五年一一月五日、漁業経済学会主催、水産庁共催の「第三回 遊漁施策等に関する研究会」で、

〝内水面の遊漁をどうみるか〟というテーマで報告を求められた。そのなかでアユ、ブラックバスと共に、サクラマス、サツキマスについて、大筋次のようなことを筆者は話した。

サクラマス・サツキマスは四県六二漁協で漁業権魚種の対象となっている。サクラマスはマリンランチング計画以来、国や東北北陸八県と北海道が増殖に力を入れているが漁獲量は減る一方だ。遡上系中心から池産系中心へと移行してきたが、海面及び河川での資源量は思うように伸びない。サツキマスと共にサクラマスは釣り人にとって幻の魚と化しつつあるが人気は上昇中だ。河川での捕獲が一切禁止されている北海道でのサクラマスの今後について考える。

サクラマス資源の再生を考える際に、河川における二年間の生活の多様性と銀毛化の謎を検討する必要がある。自然産卵を再生するために、河川環境を見なおす動きが起こりつつある。バードウオッチングやホエールウオッチングのように、「サクラマスが棲む」気配を釣り人が楽しむ提案をしたい。長野県にサクラマスとサツキマスが遡上していた時代を再現するには何が必要か。

内水面遊漁を維持するための釣り人の運動として、サクラマスについては安家川におけるウライ撤去署名運動、神通川における遊漁権訴訟、サツキマスについては長良川河口堰建設反対運動がある。二一世紀に期待される夢のある釣り場の具体例として、「アユ、サケ、サクラマス（サツキマス）の遡る川」を挙げてみたい。

筆者のこの報告に対して、研究会への参加者で季刊『フライの雑誌』編集人の堀内さんより、〝サクラマスをウオッチングし棲む気配を楽しむというがやはり釣らなければ面白くない〟という意見があった。これに対して一応その場で答えてはいるが、舌足らずで意を尽くすものではなかったのでここであらためて考えてみたい。

二〇〇四年九月初め、安家川にサクラマスを見に行ったと前項で記した。ウライ（鉄製の柵）で遡上を止められ蓄養池の水路にいるサクラマスとサケを見た後に、ウライからうまく抜け出して一〇数キロ上流まで遡上しているサクラマスがいるのではないかと川筋を上がって行き、この淵には潜んでいそうだなとカワシンジュガイも生息する清澄な流れを見守った。

安家川では春の三月、四月と秋の九月、一〇月に産卵のために遡上する二つのサクラマスの群がある。下流域にある下安家《しもあっか》漁協では、三、四月に遡上する群もウライで捕獲し、秋の産卵期まで蓄養している。

春にはウライを開けてサクラマスやウグイその他を自由に遡上させよというのが、上流域にある安家川漁協と釣り人の要望である。それに対する下安家漁協の主張は、「遡上させても河川環境が悪くなっているので自然産卵は難しいし、産卵の前に釣り人に釣り獲られてしまう。だから全数採捕し、半年間無給餌で蓄養し人工採卵したほうが回帰量は多くなる。」というものである。

筆者は下安家漁協のこの主張がサクラマス資源の維持や増殖効果という点において妥当なものかということを、北海道と東北北陸八県の調査結果などをもとに検討した。その内容はこれから本書第Ⅲ章で紹介してゆくが、春遡上群をウライで採捕せず遡上させて、自然産卵にまかせたほうが望ましいという結論が得られている。そうなると自然産卵が無事できるように、遡上したサクラマスはしばらくの間、釣りや漁で捕獲しないほうがよい。保護水面としてサクラマスの捕獲を禁止することも必要となってくる。このことについて、二〇〇六年三月二四日に岩手県の野田村で、安家川、下安家川の両漁協組合長、岩手県庁の担当者、岩手県水産技術センターのサクラマス調査担当者、野田村村長、岩泉町町長らと大激論を行った。

北海道斜里川での成功例（140ページ）があるので右に述べた結論に近いところまで行ったが、ウライを外すまでには至らず、もう一年様子を見ようということになった。漁業調整規則や遊漁規則の変更のために前もって検討しておこうということでこの春すぐにということではなかったが、それでよしとなった。これから数年のうちに一つの方向が決まるはずだ。

さて、「遊漁施策等に関する研究会」で〝サクラマスの棲む気配を楽しむ〟というようなことを言ったのは、『新リア王』を読んだことも関係しているかもしれない。この本ではサクラマスは漁や釣りそして食べることの対象としては全く見られておらず、川に存在すること、海に下ってまた産卵に川に遡ってくるその生態、それもサケと異なり多様なこと、そして人々が川にいるサクラマスに向き合うこと、などが主に描かれている。

この小説は、青森県選出の自民党の衆議院議員福澤栄とその息子である禅僧の彰之との四日間の対話よりなる。彰之が日本海側深浦の吾妻川でサ

山形県最上川のサクラマス釣り

クラマスを思いながら川を歩き、

実を申せば、私は一晩そのままそこに座っていたのですが、わたしが勝手に〈ヤマオ〉と名付けた一尾の大ヤマメに誘われて、様々に思い巡らせたのはおおよそ次のようなことでありました。

で始まる三ページと、その前の三ページは、まさにサクラマスの気配に感応して時を過ごす、釣らない釣りの境地に通ずるものがある。

『新リア王（上）』の第一章本会議場の一七五ページにこんな記述がある。

そういえば老部川のサクラマスについて、最近、水産試験所の職員にこんな話を聞いた。あの種はもともと川で孵化したときから成長に個体差があって、川に残ってヤマメになるもの、海へ下ってサクラマスになるものに分かれるのも何らかの種の戦略だろうということだが、海へ下ったグループの遡上も二年級から三、四年級の個体が入り交じっていて…

以下一ページにわたり、サクラマスの生態について非常に興味深いことが書かれている。

筆者はここに描かれている「水産試験所の職員」と話してみたくなり、さがしさがしてようやく、もしかしたら高村はこの人に話を聞くなり書いたものを読んだのではないかと思われる方と連絡がとれた。十和田市の青森県内水面研究所で老部川を中心にサクラマス研究を二三年間続けてきた、原子《はらこ》保さんである。

原子さんがいた研究所には多くの人が訪ねて来た。原子さんはもし会っていたとしても高村さんのことは覚えていないようだが、サクラマスに関する事実認識においては筆者と全面的に一致した。

その結果、高村の聞き違いや誤解そしてフィクションとして、『新リア王』での一〇数ページの記述中、半分くらいは事実と異なっていることがわかった。小説なのでそれをとやかくいうつもりはない。

それよりも、〝事実は小説より奇なり〟で、サクラマスの実体は小説よりももっと面白いのである。謎だらけである。老部川では二〇〇五年秋の東通《ひがしどおり》原発の運転開始と共に、サクラマスについてとんでもないことも起こっていた。そのとんでも話も含めて謎ときをしてゆきたい。

まず手始めに、日本の川を遡るサクラマスの数であるが、太平洋側は茨城県以北、日本海側は石川県以北の川を遡り捕獲されたサケやサクラマスの旬別本数は、各県より札幌のさけ・ます資源管理センターに報告され、サーモンデータベースとして公表されている。東京海洋大の図書館にもあるとのこと。知らなかった。一尾残らず管理されているのである。恐ろしい。

次項では、この〝事実〟をもとにサクラマスのロマンをさぐる。川を遡ったサクラマスは漁獲され、釣られた時点でデータになる。存在や気配はそれを知ることのできる人だけのものである。

スモルト（銀毛）となって降海するのがサクラマスで、銀毛化せずに河川に残留しているのがヤマメである。この分け方と呼び分けで問題はない。ただ、二つややこしいことがある。

まず、銀毛化するまでは形態、行動、生理においてサクラマスとヤマメの区別がつかない。また、河川に残留したヤマメの中にサクラマスと考えられる雄が混ざっている。サクラマスの雌は大部分が降海する。北海道の雄は大部分が銀毛化して降海するが、南へ行くに従ってその割合は大きく減少する。

サクラマスにおける生物としての最大の謎は、残留型（地着き）と降海型（渡り）が進化及び一生の間に、どのように成立または分化したかということだ。

鳥の祖先は陸地を走りまわり、たまに翼を使って少し飛んだと考えられている。また、ウグイスやアカヒゲのように一つの種類の中で地着き（留鳥）と渡りがあるものでは、地着きの中から渡りをするものが発生した結果と考えられている。サクラマスでも河川残留というより、河川で生活するサクラマスの中から降海するものが発生したと考えられる。

サケ・マス類の中で最も原始的と考えられているブラキミスタックス属（Brachymystax）には降海型が知られていない。サケ・マス類の中で最も進んだ生活史をもつと考えられているオンコリンカス属（Oncorhynchus）の中で、比較的原始的とされているタイセイヨウザケやサクラマスには河川残留型と降海型がある。オンコリンカス属の中でも、最も進んだ生活史を持つとされるシロザケやカラフトマスには、河川残留型がない。

降海するサケ科魚類を特徴づけているのが、銀毛化という形態変化である。銀毛化（スモルティフィケーション）とは、海に行くにあたって河川でのパーマークが消え、銀白色となり、背びれと尾びれの先が黒くなる、いわゆるツマグロ化を起こす現象である。

銀毛化は、降海するにあたり必要な浸透圧調整への対応だという見方もある。しかし淡水域に降湖するサクラマスも銀毛化するので、そう単純ではない。

サクラマスの場合、変態しないで河川に残留するものもいるので特異に思われるが、タイセイヨウザケやシートラウト（ブラウントラウト）などでも変態せずに河川に残留するものはいる。また銀毛化は河川残留型のないシロザケやカラフトマスでも起こる。つまりあくまでも降海することの必要条件というか、結果としての対応であると言える。そのこと自体は不思議なことでもなんでもない。

銀毛化するメカニズム、その環境と生理における条件、そしてそれらの条件をコントロールすることで銀毛化を人為的に操作できるかなど、人間の都合による研究は多い。しかし銀毛化を起こして降海する魚は生まれつき決まっているのかどうか—、すなわち降海型（サクラマス）と河川残留型（ヤマメ）とは遺伝的に決まっており、それは区別できるのかどうかという点についてはほとんど分かっていない。

筆者は、遺伝的には決まっているのだが今のところそれは区別できず、このままでゆくと区別する方法が分かった時には、区別できる魚がいなくなってしまっているかもしれないと考えている。参考になる知見をいくつか紹介する。

(1) スモルト化には成長速度に加え遺伝的要因も関与していると考えられる。
(2) 浮上直後の行動に降海型と残留型で違いが見られる。
(3) ジャック（コラム⑥参照）の子は通常の雄よりジャックになりやすい。
(4) ギンザケ、マスノスケ、サクラマス、そして北海道のヤマメの雄に特有のY染色体上のGHシュード（成長ホルモン偽遺伝子）が、関東系ヤマメにはないと言われている。

一二〇年前のサクラマス漁獲量を読み解く

自然のままの川はどれくらいの量のサクラマスを産み出せるのか、川とサクラマスの原初的な関係を知ってみたい。

前項で記したように、現在、河川に遡上したサクラマスの捕獲数はすべて「サーモンデータベース」としてデータ化され、国の試験研究機関に保管してある。その数値を35ページ表の右端欄に示した。二〇〇三年は一道七県の二九河川で調査し、二一二八〇尾が捕獲されたことになっている。これら親魚の大部分は人工ふ化放流事業のための採卵用に供される。このデータベースでは川ごとに二月から一一月の期間、旬別に雌雄別、捕獲数、性別不明魚数およびそれらからの採卵数が表示されている。

しかし、これらの数値はサクラマス増殖事業のために採捕されたサクラマスについて、道や県の試験研究機関のサクラマス担当者が、国のさけ・ます資源管理センターに報告したものである。日本の河川に遡上したサクラマスの実態をそのまま示すものではない。というのは、次にあげるようなサクラマスについては報告されていないし、調査研究も充分に行われているとは言えないからである。

（1）漁業者による河口及び下流域等での漁獲。

（2）サクラマスが漁業権魚種となっている五県における遊漁者による採捕。

（3）漁業者、遊漁者およびその他の人々による密漁。
（4）以上の捕獲をどうにか逃れ支流などで自然産卵を行ったサクラマス。

これらのサクラマスの存在を量的に把握するためには、北海道と本州の県、さらに同一県内でも河川または漁協ごとに異なる規則やその施行実態をよく知った上で調査するしかない。また自然産卵については、支流ごとのダムなどの設置状況も把握しなければならない。つまりこのような量的把握を全国的に行うのは無理である。本書ではいくつかの河川を抽出した上で、具体的にやってみたい。

その際に、それぞれの河川にダムがなくて、沖合での漁業も遊漁もなく、人工ふ化放流事業も行われておらず、サクラマスが自然産卵で再生産して、海と川を自由に往来している状況でのその川のサクラマスの量を知る必要がある。そして、毎年どのくらいのサクラマスを獲り続けることができるのかを、知りたくなる。すなわち各河川のもっているサクラマスの生産量の指標のようなものである。

川はどのくらいサクラマスを産み出せるのか、サクラマスは川によってどれだけ生きられるのか。川とサクラマスの原初的な関係を知ってみたい、そんなことを考えさせる資料があった。『水産事項特別調査』という分厚い本である。一八九四（明治二七年）年発行であるから、一二〇年前の様子を知ることができる、ぴったりである。

この本の三三〇頁から三四〇頁にかけて、「第七七鱒漁獲高最近五カ年比較」という表がある。ここには、一道一府三〇県の一湖一九〇河川について、明治二〇年より二四年まで毎年の河口および沿海と其他上流の、鱒の漁獲量（貫《かん》＝三・七五キログラム）が記載されている。

一湖とは北海道のケムライ湖だ。クナシリ島の南端にケムライ崎という岬があり、その近くに湖があるのでそこのことだろう。ケムライ湖では其他上流で一一六六貫の鱒が漁獲されている。滋賀県では一三河川の川口及沿海で四四七貫、其他上流で一一七七貫の鱒が漁獲されている。これは琵琶湖でビワマスが四四七貫漁獲されていたことを示すと考えられる。日本海と山を隔てた余呉川《よごがわ》では、二四〇貫の鱒が川口及沿海で漁獲されている。琵琶湖の鱒はサツキマス系だが、余呉川の鱒がサクラマス系なのかサツキマス系なのかは不明だ。ケムライ湖と琵琶湖以外の湖沼での鱒の漁獲には全くふれていないのは面白い。諏訪湖のアメノウオ（サツキマス系）をはじめとする湖のマス類は、漁獲量が少ないので無視されたか、存在そのものが知られていなかったのか。そんなことはないと思うのだが。『水産事項特別調査』にある鱒の漁獲量の一部を次ページの【表】に整理した。ここで北海道の河川の鱒にはカラフトマスが含まれるので注意を要する。この表でとりあげた河川には二つのグループがある。

表の上部、利根川から那賀川までの三二河川は、理科年表（一九九一年版）の「日本のおもな河川五二」のうち、『水産事項特別調査』に鱒の漁獲量の記載されている河川である。この五二河川は建設省河川局平成二年発行の資料によるもので、流域面積二〇〇〇平方キロメートル以上、または幹川流路延長一〇〇キロメートル以上の一級河川で、かつ継続して流量データの得られている河川を対象

表：1894年と2003年の鱒捕獲数と河川の形態との関係

	流域面積(km²)	幹川流路延長(km)	年平均流量(m^3/s)	１８９４年の鱒漁獲量(貫) 河口及沿岸	其他上流	合計	2003年データベース河川捕獲数
利根川	16840		291		2254	2254	
石狩川	14330	268	467	4830	12130	16960	407
信濃川	11900	367	513	746	1667	2413	481
北上川	10150	249	294	1438	5139	6577	
木曽川	9100	227	252	408	2166	2574	さつきます
十勝川(大津川)	9010	156	199	8433		8433	
淀川	8240	75	256		30	30	さつきます
阿賀野川(阿賀川)	7710	210	426	4875	2659	7534	
最上川	7040	229	371	150	1975	2125	298
天塩川	5590	256	202	3305		3305	177
阿武隈川	5400	239	156	149	44	193	
雄物川	4710	133	210	631	2800	3431	
米代川(米白川)	4100	136	161	3901	1206	5107	87
江の川(郷川)	3870	194	136		13	13	
吉野川	3750	194	90		583	583	さつきます
那珂川	3270	150	92		449	449	
荒川	2940	169	41		26	26	
九頭竜川	2930	116	93	4002	4681	8683	
神通川	2720	120	190	119	9525	9644	325
高梁川	2670	111	72		11	11	さつきます
岩木川	2540	102	73		1308	1308	
釧路川	2510	154	20	2000	318	2318	
吉井川	2060	133	77	107	18	125	さつきます
馬渕川	2050	142	40		1607	1607	
由良川	1880	146	57		104	104	
球磨川	1880	115	101		330	330	
旭川	1800	142	62	58	190	248	さつきます
紀ノ川(吉野川)	1750	136	50		26	26	さつきます
太田川	1700	103	70		279	279	さつきます
多摩川	1240	138	-		707055	707055	
庄川	1190	115	24	4473	8009	12482	11
那賀川	874	125	56	41	11	52	さつきます
斜里川				-			3737
徳志別川				-			8764
北見幌別川				-			1130
信砂川				-			770
尻別川				-			3288
伊茶仁川				-			179
標津川				3530	4215	7745	12
静内川				-			38
遊楽部川				60	152	212	36
東通老部川				-			379
川内川				286	226	512	17
追良瀬川				-			15
吾妻川				-			8
安家川				-			182
赤川				-			268
鼠ヶ関川				13	4	17	12
山北大川				-			92
荒川				10	10	20	365
胎内川				-			31
加治川				-			159
黒部川				66	526	592	12
米町川				-			0

としている。流量は原則として一九八八年の値だ。これらの河川はそれぞれ一水系であるが、『水産事項特別調査』では県別に支流も含めて二九〇河川となっており、利根川のように四県にまたがるものや、阿賀野川（阿賀川）のように福島県内で八つの本支流にわかれているものもある。そこで本表では、それらの鱒漁獲量は全部足し合わせて一水系分とした。

また、表の下部、斜里川以降米町川までの二二河川は、規模は小さいが二〇〇三年のデータベースにサクラマスの河川捕獲数が記載されているすべての川である。その結果、二二河川中一六河川が一八九四年の『水産事項特別調査』において鱒の漁獲量が記載されていないことがわかる。

①日本のおもな河川五二、②一八九四年鱒漁獲量記載河川、③二〇〇三年データベース記載河川、これら三つのリストの一致、不一致が、鱒の分布、川の大小、一二〇年前の利用と調査の行なわれ方、現在のサクラマス増殖の効果的実施等と関係し、いろいろ面白い。一〇〇年余以前の世界にワープしながら、現在のサクラマスがどうなっているのかを検討してみたい。

本表の右端、二〇〇三年データベース河川捕獲数の項で、さつきますと表示されている河川が九つある。これらは元の資料には「鱒」とだけ記載されているが、その河川を遡上する鱒は、河川残留系がヤマメかアマゴかということになれば、150ページに見られるようにアマゴであるということがはっきりしている河川である。『水産事項特別調査』の原表には明治二〇年より二四年まで毎年の捕獲量が掲載されているが、今回はそれらの平均値を表示した。

その他、『水産事項特別調査』の中の数字について検討し始めたら問題は次々と出てくる。表はあくまで原資料に忠実に作成しているが、納得できないのが多摩川の鱒漁獲量七〇七〇五五という数字である。これはどう考えてもおかしい。貫目《かんめ》と匁目《もんめ》（＝三・七五グラム）とを間違えて、三ケタ多く記載したとしか考えられない。その観点で再計算すると七〇七貫となり、河川の形態との関係でもしっくりとする。

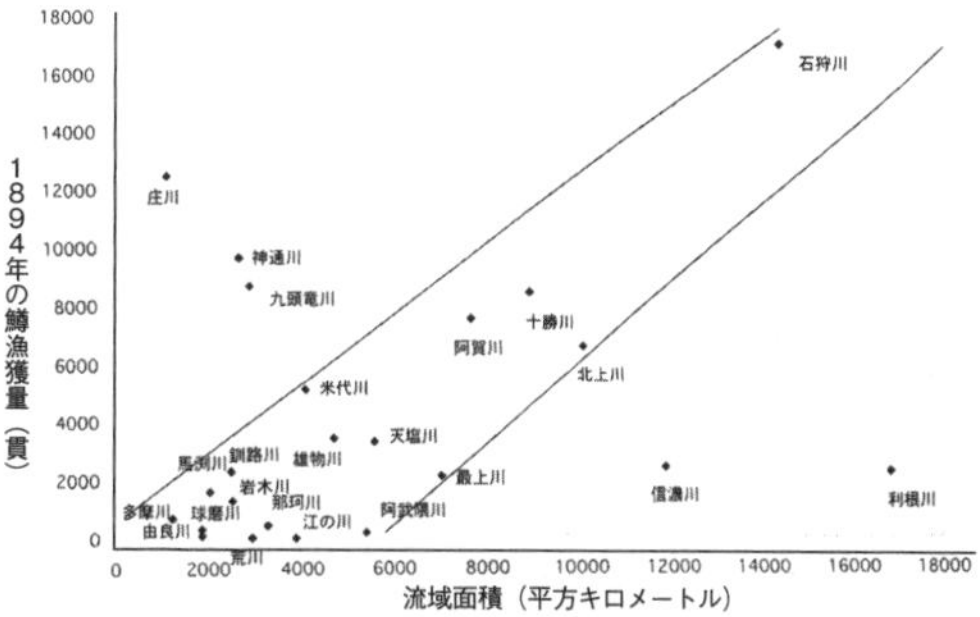

図：1894 年の河川流域面積と鱒漁獲量との関係

本書第Ⅲ章では、サクラマスが遡るいくつかの河川をピックアップしてこの表のもつ意味をじっくり検討してゆくが、簡単な検討をまず上の【図】に示した。ここでは各河川の流域面積と、一八九四年における一水系のサクラマスの漁獲量との関係を見た。予想されたように流域面積と鱒の漁獲量との関係には、正の相関がある。すなわち流域面積が大きくなればサクラマスの漁獲量も大きくなる。【図】で二本の直線の間に入っている河川でそのことを示している。

ただし利根川、信濃川はそれぞれの事情でそうはゆかない。庄川、神通川、九頭竜川は面白い位置にいる。このことは日本海の起源とサクラマス発祥の地域ともからんできて興味深い。この表を使っていろいろ遊んでみてください。

サクラマスは、北はカムチャッカ、サハリン、沿海州。南は本州の利根川、千代川（鳥取県）、山口県、洛東江（韓国）などの川で生まれる。一〜二年の淡水生活の後に海に降り、一年間の海洋生活の後、再び生まれた川へ産卵のために戻ってくる。海へ降りたサクラマスの若魚は、沿岸域でイカナゴなどの小型魚類やオキアミ類などを餌として、七〜九月に平均二七センチ、二五五グラムとなり、オホーツク海で夏を過ごす。

その回遊範囲は、左図に見るようにカムチャッカ半島、千島列島、日本列島の西側のオホーツク海と日本海に押し込められたように見える。というより、サクラマスの回遊範囲はそこから東にはあまり拡大しない。本当にごく稀に、図の外の東の太平洋で、カラフトマスやシロザケを狙う流し刺網漁で二キロ・五〇センチ大のサクラマスが混獲されることもある。しかしそれは論文として報告されるほど珍しいことである。長年にわたる標識放流調査などから、サクラマスの一年間の季節ごとの回遊経路は推定されている。ここでは産卵遡上前の春の想定図のみを示した。

冬に南下したものが北上する様子がうかがえるが、左図の北半分での調査が無いので、ロシア沿岸での接岸の様子がよく分からない。ここいらのことは132ページで述べるイタマス（板マス）の存在ともからみ、水産庁の研究者にとっては不可侵領域に入ってしまう。海域としても問題としても究明してはいけない、究明できない領域であるということだ。

「北太平洋のサケ・マスは国旗をつけている」と言われるように、公海を泳いでいるサケは生まれた川のある国の所有物であるという母川国主義にもとづき、他国の川に帰るサケを沖合で獲ることは憚られる。

いろいろ調べてゆけば、日本海の沖合で獲ったサクラマスはどこの川に産卵に戻るのかが、だいたいは分かる。それゆえ、漁師も研究者もその点は突っ込まず、見て見ぬふりをする時代があった。

※図中の数字は月を示す。
Kato(1991) の Fig.2.Fig.3Fig.13,Fig.29
をもとに作成。

図：サクラマスの海洋生活と母なる川

Ⅲ

サクラマスよ、故郷の川をのぼれ

山形県最上川のサクラマス釣り（撮影：松田洋一）

ダムのない川の「穴あきダム」計画を巡って

ダム建設を認めた段階で、小国川沿川で暮らす人々や全国の釣り人は一二五年以上維持されて来たアユの川を、未来永劫に失ってしまう。

二〇〇六年一一月三〇日、山形県内の新聞各紙は〝穴あきダム／知事建設表明　最上小国川治水／地元漁協は反発〟と報じた。ダム建設に河川の漁協が反対する構図は、ありそうで実はどこにでもあることではない。というのは日本の川でダムや河口堰の建設されていない川を探すのが大変という実態があるからである。

筆者は最上川の支流である小国川を訪ねるにあたり、小国川のアユやサケ、マスについて調べていった。その際、最上川本流と小国川にまだダムがないことのもつ意味、その素晴らしさにあらためて気付かされた。

「穴あきダム」という言葉を聞いて、奇異に思う人も多いと思う。水を貯めるのがダムであるはずなのに、穴をあけてどうするのかと思うのが普通である。穴のあるダムとは、日本におけるダム建設の無理や困難のなせる業というか、陥ち込んでしまった結果だといえる。

そもそもダムは、水利用の利水、洪水防止の治水のほか、いくつかの目的を兼ね備えた多目的ダムとして建設が計画される。ところが過剰な水需要計画を理由に計画されても、実際に建設する段になると多くの自治体が水余りでダムはいらないと言い出すことが多い。

例えば和歌山県の紀ノ川水系丹生川《にゅうがわ》の紀伊丹生川ダムが建設中止になったのは、和歌山県と協定していた大阪府が横山ノック知事から太田房江知事に代わり、水は買えないとなったからである。アユ釣りの川として有名な丹生川の玉川漁協がダム建設に強く反対していたことも、大きな力となっている。

しかし、まず始めにダムありきで、目的や理由が何であれとにかくダムを造りたい国や県は、利水目的が無くなったとしても、それならば治水目的のみの貯水ダムを造るのだとがんばる。貯水ダムができれば川に何キロにもわたって人工湖が出現し、その下流では水が切れてしまう。川が川ではなくなる。アユに限らず川に棲む魚にとっては、あってはならないことと言える。川沿いの動植物も水没してしまう。

そこで国や県は、自然環境への影響の大きい水没域を生じない「穴あきダム」ということを近年言い出している。堤防の高さが四〇、五〇メートルのダムの途中や基部に穴やスリットをあけ、普段はそこから川水が流れ出す。洪水が起こりそうな大雨の時には穴から流れ出す量以上の大水を貯水して、下流での洪水を防ぐというものである。

ただし、大雨の時に貯水したらダムが決壊したというのではしゃれにもならない。そこでダムが完成したら満水に貯水して強度チェックを行なう。そしてもちろん大雨の度に、増水した分は貯水されダムの上流にはダム湖ができる。満水の時とカラカラの時がある長野県青木湖のようなものである。青木湖は最深部で二〇メートルの水深があるが、水位の増減が激しいために植物帯の繁殖の維持ができず魚も定着できない。批判を受けたためか、管理者の昭和電工は二〇〇六年から水深一〇メートル位まで残すようになった。

穴あきダムを建築する場合、水没した沿川の樹木が根こそぎになって流れ下りダムの穴を閉塞してしまってはまずいということで、事前に全部伐採してしまう。穴あきダムがいくら環境にやさしいといっても、川を埋め立てコンクリートの巨大な構造物を建てることには変わりはない。

通常のダムでも穴あきダムでも、建設時には河床は掘り返すは、工事を可能にするためにバイパスをつくるはで、川は何年にもわたってぐちゃぐちゃにされる。そして完成した後は、常に土砂を推積し、時にはどっと流したりするダムが運転される。

東北一に味がよいといわれる小国川のアユは、きれいな水と香りのよいコケで育まれる。小国川に穴あきダムが建設された時、アユがどうなってしまうかは検討の必要もない。それゆえ、環境にやさしい穴あきダムと言ったところで損害賠償としての漁業補償を払うと、ダム建設者は言う。しかし、それを受け取りダム建設を認めた段階で、最上町や舟形町の小国川沿川で暮らす人々や全国の釣り人は、現代まで少なくとも一一五年以上維持されて来たアユの川を、未来永劫に失ってしまう。

今、一一五年以上と書いたがそれには明白な資料がある。明治二七年三月発行の『水産事項特別調査』には、一八八九年の小国川沿川一七・五キロの漁業者一五五人が、鮭七五五三キロ、鱒七二三キロ、鮎一七七四キロを獲っていたと記されている。そして二〇〇四年発行の〈山形の水産〉によれば、小国川漁協の一三二八名の組合員が、鮭四九七六キロ、鱒九三三キロ、鮎三〇五七五キロを獲っている。この約三一トンというアユの漁獲量は、小国川を除く最上川水系の九漁協の合計約二六トンより多いというのだから、驚いてしまう。

ダムのない小国川（撮影：松田洋一）

アユという魚は、河川に放流したアユの重量の一〇倍が漁獲として回収されるとされる。それを放流漁獲量と呼ぶ。そして漁獲量からこの放流漁獲量を差し引いたものが遡上漁獲量と見なされ、天然遡上のアユを獲っている分ということになる。ダムや河口堰が建設されて天然遡上のない川では、漁獲量と放流漁獲量がほぼ等しい。川が釣り堀化しているということになる。

小国川の場合、二〇〇二年までは放流漁獲量が四五トン前後で、二〇〇七年も四〇トンと安定している。これはアユの放流量が山形県内で一番の漁協という位置を保持しているからである。ところが六〇トン前後あった漁獲量が、二〇〇三年と四年には三〇トン台に半減してしまった。その結果として、遡上漁獲量も二〇トン台からマイナス一〇トンレベルになってしまった。まるで河口堰ができて遡上漁獲量が大きくマイナスに落ち込んだ長良川のようになってしまった。もっともこの数値は、漁協組合員が漁獲した量を漁協や県が把握している漁獲量についてのことで、遊漁者の釣る量は計算に入っていない。

それではこの年に小国川のアユについてどういうことが起こったかというと、天然遡上は変わらず維持され実質の遡上漁獲量も二、三〇トン台と安定しているのだが、というよりはそうであるが故に、遊漁者による漁獲量が増加し、見かけ上組合員による漁獲量が減った。そしてそれをもとに計算した遡上漁獲量が減少するということになっているのではないか。川の中のアユの総量は変わらないのだが、組合員と遊魚者の獲り分の比率が大きく変わったということだろう。

その一番の証明を、二〇〇六年小国川で七月八日から八月の二〇日まで、次のような数多くの釣り大会が行われたことに見る。がまかつGFGチャレンジカップ小国川大会、シマノジャパンカップ大会、ホクエッドリームカップ鮎釣り選手権大会、ダイワ鮎マスターズ南東北地区大会、がまかつ南東北大会、サンラインカップ小国川大会、東北流友会トーナメントスクール。アユがいて釣れるからこそ、小国川でこれだけの釣り大会が行われた。それらの大会で全国から集まったアユ釣りの名人が釣ったアユの量も大変なものであろう。

二〇〇七年現在、遊漁者が小国川で釣るアユの量は三〇トン近くになり、それは天然遡上による量とほぼ匹敵すると筆者は考えている。それは、最上川本流から支流の小国川にかけてダムが一つもなく、一一五年以上にわたってサクラマスやシロザケが自由に往来し、それを沿川の人々が守り続けているからである。

冒頭に紹介した山形県内の新聞記事の中には、ダムによる川の埋め立てに漁協が反対した場合、強制収用も法的には可能であるという意見も記されている。

筆者は熊本県土地収用委員会で、川辺川《かわべがわ》ダム建設にあたっての漁業権の強制収容が無理であることを明らかにした。それと同じことで川の漁業協同組合が結束して補償交渉に応じない限り、ダム建設はできない。紀伊丹生川、愛媛県の肱川《ひじかわ》、川辺川ではそのようにしてダム建設が止まっている。

小国川漁協はそのことを知って、なおいっそう元気に川と釣り場を守る意志を強くしている。そんな小国川漁協の取り組みを多くの釣り人が支援することが、これからも楽しい釣りを続けてゆくことを可能にすると思う。

日本の多くの釣り場が釣り堀化してしまったことで、釣りが面白くなくなったという声が聞こえてくる。だがそう嘆く前に、まだまだ面白い釣りのできる自然の川や湖を残して、活かすことを考えよう。本当の釣りはどういうものかを探し求めたい。

貝と魚の関係の中でも、タナゴ類とイシガイなど淡水二枚貝類との共進化は面白い。タナゴは二枚貝の入水管を通して、貝のエラのなかに卵を産みつける。そして貝はグロキジュームという幼生を、出水管を通して魚の体表に吹きつける。貝と魚がお互いの子どもを育てるのである。

これとはやや趣が異なるが、同じイシガイ上科に属するカワシンジュガイ科の二枚貝も、幼生の中間宿主としてサケ科の魚に頼っている。

ヨーロッパのカワシンジュガイの宿主はコイ科の魚であるが、太平洋東部（北米大陸西部）と西部（アジア北東部）にいる極めて近縁だが異なる二種のカワシンジュガイは、それぞれニジマスとサクラマスを宿主としている。

太平洋の東西においてこのような種の組み合わせが形成されたのは、おそらく八〇〜二〇〇万年昔の洪積世の早期、氷河の拡大の影響の元に進行したのではないかと考えられている。これは二枚貝や魚の化石や魚の系統地理的な研究から明らかになったものだ。

アジア北東部におけるサクラマスのなかまとカワシンジュガイの分布は、驚くほどよく一致している。カワシンジュガイを「サハリン南部、南千島列島、北海道、本州（カワシンジュガイ分布の南限である山口県の標本をも含む）の諸地点から採集」して、先の仮説を提起したテイラーと上野（一九六五）の論文を読んでびっくりしたほどだ。論文では触れていないが、広島県の太田川のサツキマス（アマゴ）でも、カワシンジュガイのグロキジュームが五月以降付着しているという。

サクラマス、サツキマス、カワシンジュガイは共に絶滅危惧種とされているが、安家川でも（26ページ）、サンル川でも（171ページ）、サクラマスがいなくなればカワシンジュガイも姿を消さざるを得ない。気がつかれていないだけで、サクラマスの棲む川にはどこにもカワシンジュガイのいる可能性がある。

それでは、ヤマメやアマゴはいるがサクラマスやサツキマスが現在は遡上していない河川にも、カワシンジュガイはいるのか。これは氷河の前進後退と絡み、非常に興味深いところである。

九州の東シナ海に流入する河川にヤマメが残留しているのは、氷河の勢力が強く寒流が東シナ海や黄海にまで流れ込んでいた時代に、サクラマスが回遊していたことを示している。一九三七年に朝鮮半島西岸沖合の黄海や、一九七二年に長崎県沿岸野母崎で、サクラマスが一尾ずつ獲れたという記録があるのはその名残りかもしれない。およそ一・五万年前のウルム氷河期末に、台湾の高山を流れる渓流に取り残されて現在も生き続けているのが、亜種のサラマオマスと考えられる。

同じような時期に南下したニシンも、マダラ、ソウハチガレイ、ウサギアイナメなどと共に黄海の深い低水温の海域に取り残された。このニシンは現在でも産卵接岸する時期以外は、黄海中央部の固有冷水域に生息する。そしてたまに以西トロールでニシンが獲れるのかと不思議がられる。これらが一・五～四・五万年前に分かれて分布するようになったことは、遺伝学的研究で明らかになっている。

以前、ゴマフアザラシが東京湾に入ってきてタマちゃんと呼ばれ人気者になった。ゴマフアザラシは冬にオホーツク海の氷上で繁殖し、夏にはサハリンや北海道にまで南下移動する。黄海の奥、中国の遼東湾にもゴマフアザラシの大繁殖集団がいるのは面白い。

サクラマスとカワシンジュガイ、そして、サラマオマス、ニシン、ゴマフアザラシは、みんな氷河時代からのお友達だと言えるかもしれない。

山形県・赤川

サクラマスのふ化放流事業は失敗だったのか

人工ふ化放流を続けている最上川のサクラマス漁獲量は、一九九六年に半減している。山形県の担当者にもその理由は分からないだろう。

二〇〇七年二月二五日に山形県天童市で、山形県内水面漁連主催、山形県後援の「サクラマス釣りフォーラム」が開催された。開催の主旨は以下の通りだ。

山形県の魚としてサクラマスが指定されてから一五年になりますが、最近はその姿も以前ほど見ることが出来なくなってしまいました。そんな状況でも、神秘的で美しいサクラマスに魅せられた多くの釣り人が、毎年、期待を込めて、県内、隣県ばかりでなく関東圏からも訪れてくれます。一方、漁協関係者も遊漁者の期待に応えるとともに、次の世代にサクラマスを残すため、毎年、稚魚を放流しサクラマスを増やそうと努力しています。

そこで今回は初めての試みとして、釣り人と漁協関係者、行政、研究者が一堂に会し、今、サクラマスがどうなっているのか、互いに現状を認識するとともに、サクラマスが上りやすい環境、より良い釣り場とは何かについて一緒に考えてみたいと思います。

フォーラムの案内通知を送ってくれた『フライの雑誌』編集人はそれとともに、山形県内在住の猫田さんのブログ「フライ釣り依存症猫男の釣り人生」の存在を教えてくれた。猫田さんはフライフィッシングで赤川のサクラマスを釣っている熱心な釣り人で、このフォーラムにも参加されたとのことである。

もとより筆者は山形県、特に赤川のサクラマス釣りに関心をもっていた。そこで本項では、山形県のサクラマス釣りとサクラマス資源との関係について検討を行なってみようと思う。

今回の検討にあたり、手持ちの資料に加えて欠けていた部分やフォーラムでの大井明彦氏（山形県内水面水試資源調査部長）の基調講演でのスライド資料を、山形県内水面水産試験場よりご教示いただいた。また、平成一八年度「本州日本海域さくらます資源再生プログラムの開発」委託事業報告書も見せていただいた。これは本書19ページで示したさけ・ます資源管理センターの考え方に沿った山形県のサクラマス増殖事業の総点検ともいえるもので、筆者も納得のゆくものであった。

山形県がそこで報告しているサクラマス増殖のための方策を、筆者なりに極言すれば、自然産卵を維持することがサクラマスの増殖につながる。そのために遡上親魚の確保とスモルト（ヒカリ）の漁獲制限を徹底すると共に、サクラマスが生息および産卵可能な河川環境を維持し、増大させることが必要だ。

ということになる。この考え方は、釣り人に対してはサクラマスの親魚とスモルトの釣獲制限（釣りの制限）につながる。今回のサクラマスフォーラムは、それを釣り人に納得してもらうための第一歩と言える。

猫田さんはこのフォーラムに参加した後、山形県におけるサクラマス漁業への疑問や漁獲量データへの疑念、増殖研究の成果を問いかけるエントリーを、ご自身のブログへ書かれた。二月二六日以降、四月二三日付「続、続サクラマス釣りフォーラムに行ってきた」までの猫田さんのエントリーについて、以下筆者なりに検討してみたい。

意見1：最上川の四月に解禁する巻き刺網漁には問題がある。赤川での巻き刺網漁にも疑問がある。

筆者の考え：山形県と内水面漁連が今回のフォーラムを開催した動機は、赤川の遊漁（釣り）の過熱化としか考えられない。そう考えさせる経過を【図1】に整理してみた。

赤川河口におけるルアー釣り釣獲数と巻き刺網漁獲数は、山形県のさけ・ます増殖等管理推進事業報告書（平成一五年度よりサケサクラマスリバイバル事業に変更）からとり、二〇〇六年と七年は赤川漁協のホームページからとった。

山形県の内水面の魚種別漁獲量は、漁協ごとに河川別に毎年『山形の水産』に載っている（赤川漁協は特別にルアー釣り釣獲量を組合漁獲量に算入している）。原資料ではキロ数で表示されているものをサクラマス一本あたりの平均重量二・五キロで割り、獲れた本数にして図示した。

サクラマスが「山形県の魚」に選ばれた一九九二年に漁獲量がピークとなっている。これは筆者がいろいろ検討し改変した数字で、『山形の水産』にはこの倍近い値が載っている。

一九九二年の赤川河口域ではルアー釣り釣獲数の二倍近い、巻き刺網漁による漁獲数があった。しかしその後、ルアー釣り釣獲数が増加するにつれて巻き刺網漁をはじめ漁業による漁獲数はどんどん減少し、二〇〇五年からは「漁業による漁獲数」より「遊漁者による釣獲数」のほうが多くなっているのが分かる。

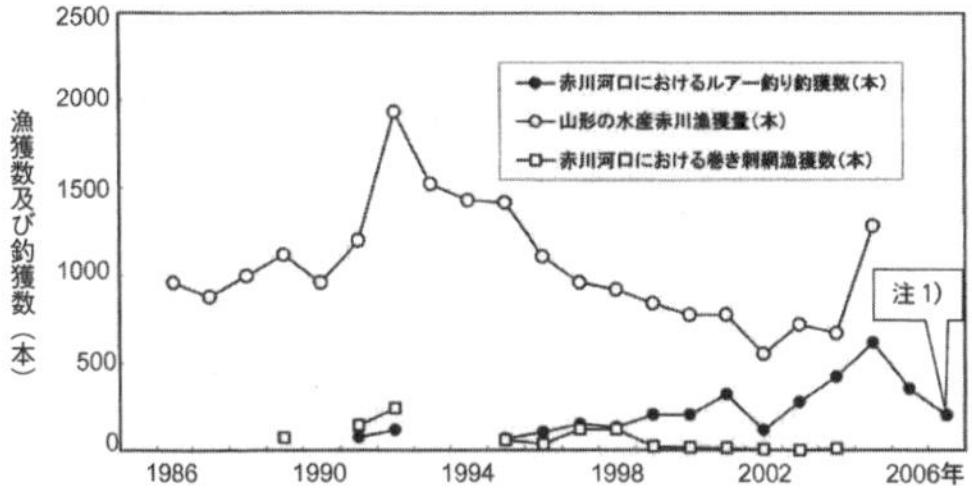

図1：赤川における漁獲数と釣獲数の変化

注1）2007年のサクラマス釣獲数は4月19日現在160本という値よりの推定値

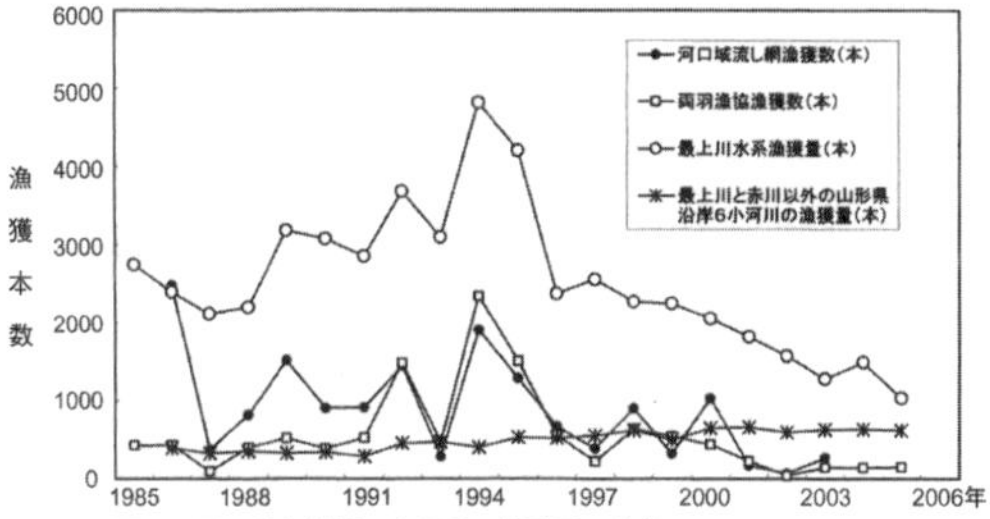

図2：最上川と沿岸6小河川の漁獲量の変化

意見2：最上川水系の漁獲量は一九九六年に半減するがその理由を行政は説明できず、漁獲量のデータそのものも信用できない。両羽漁協さんはなぜ網でサクラマスを獲っているのか。

筆者の考え：最上川の河口域では県知事許可を受けている両羽漁協と海面の山形県漁協酒田支所の流し網漁業者が長年にわたり操業し、その漁獲量は調査記録されている。【図2】に示すようにその量は両羽漁協のサクラマス漁獲数や最上川水系の漁獲数と大体対応している。

ではなぜ漁獲量が一九九六年に半減したのか。じつは最上川のみならず、秋田県阿仁川、赤川、新潟県魚野川、富山県神通川、および秋田から石川の日本海沿岸のサクラマス漁獲量において、数年のズレはあるが同じように減少している。山形県内水面水試の担当者にもその理由は分からないというのが本音だろう。それゆえサクラマスの謎を解明して増殖に結びつけるべく、二〇〇六年に水産庁が音頭とりをしての『本州日本海域さくらます資源再生プログラムの開発』が始められた。

ところが一方、ここ数年で逆にサクラマスの漁獲量が増加している河川もある。それは北海道斜里川、岩手県安家川、青森県老部川、山形県の六小河川——日向川《にっこうがわ》、月光川《がっこうがわ》、五十川《いらかわ》、庄内小国川、温海川《あつみがわ》、鼠ヶ関川《ねずがせきがわ》だ。これらの河川ではなぜサクラマスが増えたのか。その理由は筆者が51ページで極言したことと深く関係していると考えられる。

意見3：サクラマスが減っているなら、サクラマスを人工ふ化させ放流する事業は失敗ということか。研究者たちに無駄銭を使っていたことになるのでは。

筆者の考え：シロザケもサクラマスも、河川でのふ化放流事業は海での漁獲量を維持させるために行われている。サクラマスの推定回収率が〇・一から〇・八とシロザケより一ケタ低くても、ふ化放流事業が完全に失敗であり無駄であったとは考えない。

その一つの証明として、35ページで紹介した一二〇年前のサクラマスの漁獲量に比べて、二〇〇五年の赤川（一九五三年に人工的に分断されるまで赤川は最上川の支流であった）と最上川水系の総漁獲量は二三％減で七六八四キロであり、六小河川においては一二％減の一四八三キロであることを挙げる。海面での沖獲りがなく人工ふ化放流事業を全くやっていなかった一二〇年前の漁獲量を、自然産卵でどうにかしのいでいるとも考えられる。

山形県の八トンを含む五〇〇トン強の日本の沿岸サクラマス漁獲量は、広域的に交流する人工ふ化放流稚魚によって、どうにかまかなわれているということもできる。最上川の河口及び沿海における二〇〇五年の漁獲量は、赤川河口における遊漁者による釣獲の一五四三キロが効いて、一二〇年前の二四〇〇％増となっている。

では全国各地の川で行われているサクラマスの人工ふ化放流はこのままでよいのか。その実態と評価について、本書でさらにくわしく検討していく。

※訂正と追記：52ページの「最上川の巻き刺網」を「流し刺網」に、【図1】及び53ページの「赤川河口」を「赤川中流」に訂正します。
【図1】の新数値追加　赤川河口におけるルアー釣り釣獲数：二〇〇七年二三五本、二〇〇八年四〇六本、二〇〇九年二一六本。
赤川漁獲数：二〇〇六年一四〇〇本、二〇〇七年一六〇〇本、二〇〇八年一六〇〇本。
今回現場をよく知っている猫田さんと県内水面水産試験場の方々に、多くのことを教えられました。

（二〇一〇年四月）

「今から一一〇年前、長野県の川にもサケ、サクラマス、サツキマスそしてアユが、海から遡って来ていた。ダムが無くなればまたそういう時代がやってくる。」と筆者が発言したのは、二〇〇三年五月一八日、長野県須坂市のシンポジウム〈日本の川（湖）と魚を考える〉においてであった。このシンポジウムには、ブラックバスのリリース禁止とからんで田中康夫長野県知事がパネラーとして参加していた。

この発言の根拠になっているのは、『水産事項特別調査』を整理した【表】で、ここで「鱒」となっているのは日本海側ではサクラマス、太平洋側はサツキマスと考えられる。海から新潟県を通過して長野県までサケやサクラマスがやってくるなど信じがたいことだが、人の力があまり大きくなかった時代には当たり前のように行われており、ヒトが利用していたと考えられる。そのことを、『フライの雑誌』二〇〇六年初冬号（第七五号）の「特集◎釣りバリの進化論」は教えてくれる。

長野県南佐久郡の北相木村考古博物館には北相木川の畔にある「栃原岩陰遺跡」から出土した骨角製の釣りバリと一緒に出土した魚の骨が展示されている。それについて、藤森英二学芸員は、「遡上してきたサケやサクラマスはエサを食べないし季節も限定されるので、釣りの対象魚はイワナ、ヤマメだったのでは」と考えている。

千曲川の最上流の支流、相木川の魚を約一万年前に通称「北相木人」と呼ばれる人々がどのような方法で採捕していたか興味深い。最上流の細流まで入り込むのはサクラマスだが、産卵期にエサをとらないということではイワナやヤマメも同じことだろうし、手取りや石打ち、または、ヤスや銛といった獲り方も考えられる。

コストパフォーマンスを無視して手釣りをするゆとりが縄文人にあったか、当時は歩

表：明治20年代の長野県での漁獲量（単位貫）

魚種		鮎	鱒	鮭
日本海側	千曲川	115	384	927
	姫　川	—	65	—
太平洋側	天竜川	968	—	—
	木曽川	3	170	—

けば当たるほど魚がいたので釣りを楽しんだのかは、出土した魚骨のDNAを調べてもわからない。ただ骨を厳密に調べればその魚骨がサクラマスのものかどうかは識別できる。

筆者は二〇〇九年一〇月、長野県小布施町の北斎館で八一歳の画狂老人の筆になる「椿と鮭の切身」という肉筆画を見て、その取り合わせのおかしさにのけぞった。そしてすぐに、このサケの切り身が地元産なのか送りのものかを判定するのは、非常に難しいというようなことを考えていた。悲しい性というか、因果な商売である。冒頭に紹介したシンポジウムでガンガンやったせいかどうか分からないが、その後まもなく筆者は長野県内水面漁場管理委員への就任を県より依頼されて四年間長野へ通った。北斎のサケの切身に出会ったのは、その最後の委員会出席の帰途のことであった。

このときは変にサケづいていて、一〇月三〇日の信濃毎日新聞では〝千曲で縄文サケの骨、県内初大量発見〟と大きく報じられ、翌日には、〝信濃川サケ遡上5倍、県内は増えず　水量増加が原因か〟という記事が掲載された。長野県のサケは増えず、とあるのは、〈千曲川にサケが遡ってはいるが、長野県内までは来ていない〉という意味である。それは次のような事情によると、信濃毎日新聞は報じている。

―新潟県十日町市の信濃川にある宮中取水ダムの魚道を10月に遡上したサケが、計160匹と例年の5倍以上に増えたことが30日、同市の中魚沼漁協の調査で分かった。同ダムで取水するJR東日本・信濃川発電所が違法取水問題で水利権を取り消され、同ダム下流の信濃川の水量が増えていることから、同漁協は『サケの遡上に好条件となった』とみている。―

ちなみに、同ダム上流の千曲川にある東京電力・西大滝ダム（長野県飯山市）の魚道では、一〇月の調査で捕獲したサケは、たった二匹だった。

秋田県・米代川

サクラマスの遊漁対象化と増殖との複雑な関係

各河川でサクラマスを漁業権魚種化して漁獲、採捕、釣獲実態を把握し管理してゆこうということなのだが、そのためにまず増殖事業を先行させようと、米代川で協議会が発足した。

秋田県ではサクラマスの解禁は六月一日である。月刊『釣り東北』二〇〇七年六月号は、〝サクラマスの放流が本格化する〟と題して一〇ページのサクラマス特集を組んでいる。〝雄物川《おものがわ》・米代川《よねしろがわ》水系オレのサクラマスポイント〟という記事が続く。

特集のリード文章は次のようになっている。

豊富な資源を持ち、全国的にも有名な秋田県のサクラマス。現在、遡上の時期に当たる3~5月を禁漁期間としているが、同県の漁協の殆どが漁業の内容魚種に指定していない。つまり放流しておらず、当然遊漁料の徴収も行われていない。釣り人側としても渓流の遊漁券を購入するぐらいの協力しかできないのが現状だ。

そして、二〇〇七年四月二七日に設立総会が開かれた米代川水系サクラマス協議会が誌面で紹介されている。この協議会では、米代川水系の一〇の漁協と内水面漁連、県水産漁港課、水産振興センター、そしてサクラマス生産業者ら二八名が参加し、遡上親魚の採捕・採卵によるふ化・放流事業に取り組み、二年後の二〇〇九年には漁業権の内容にサクラマスを含めることを目指すという。

ここ数年来のサクラマス釣りブームにより、漁協と遊漁者との遊漁料をめぐるトラブルや、ルール違反のサクラマス採捕が続出している。漁協や県議会などからは秋田県に対して、サクラマスの漁業権内容魚種化への要望が出されている。県としても平成一九年（二〇〇七年）度より銀鱗きらめくサクラマスの川づくり事業を予算化して、新たに取り組み始めたという訳である。

それでは、秋田県におけるサクラマスの遊漁料や、漁業権魚種化の現状はどうなっているのだろうか。くわしく見ていきたい。

秋田県内の二六河川（うち雄物川水系一二、米代川水系一〇）には二五の内水面漁協があり、二八の第五種共同漁業権が免許されている。それぞれが、アユ、イワナ、ヤマメ、コイ、フナ、ニジマス、ヤツメなどを漁業権魚種としているが、サクラマスについては県内で一漁協だけが免許されている。

それが一九九三年にサクラマス漁業権が新設された米代川支流の阿仁川漁協である。手釣、竿釣で年券七〇〇〇円、おくれて日券二〇〇〇円で始まった。漁業権が免許されたことで阿仁川漁協としては増殖義務を果たさなければならず、【図】のように遡上親魚を採捕してふ化放流事業を行なっている。

ただし阿仁川漁協によるふ化放流事業は、それ以前より一〇数年にわたって行なわれている。釣り人から遊漁料を徴集するための増殖事業というよりは、もともと増殖事業を行っていたのでこの漁協にサクラマスの漁業権魚種化と遊漁料徴収が認められたということであろう。そして、その後の経過が【図】ということになる。

この【図】で一番驚くことは、遊漁者（釣り人）の年券販売枚数も漁業組合員の行使料支払人数も、みんな一律に、一九九三年のスタート当初の五分の一程度に減少していることである。それは阿仁川におけるサクラマス遡上親魚の採捕状況の減少と同様の動きを見せている。ただし日券の販売数は変わらない、というよりむしろ増えている。実はこの数字の変化に、秋田県におけるサクラマス釣りの現状と、米代川水系サクラマス協議会設立の意味するところがよく表われていると思う。

阿仁川では九月一日から翌年の五月三一日までの禁漁期間を除いて、サクラマスの遊漁料（年券または日券）を支払うことにより、遊漁者はサクラマス釣りをすることができる。一方、阿仁川以外の雄物川水系一二河川一二漁協、米代川水系九河川九漁協および子吉川《こよしがわ》、真瀬川《まぜがわ》、馬場目川《ばばめがわ》などでは、三月一日から五月三一日までと九月一日から一〇月三一日までの禁漁期を除く七ヶ月間、ヤマメなどの遊漁券を買えば、自由にサクラマスを釣ることができる。

阿仁川でサクラマスが釣れるということは本流の米代川でも釣れるということであり、これが阿仁川のサクラマス年券売上げ枚数の減少へとつながっている。また、米代川河口域には漁業権が設定されていないので刺網での捕獲も行われているという。

それゆえ冒頭で紹介した『釣り東北』の特集では、米代川水系六月一日解禁時のサクラマス釣りのポイントとして、河口から約五〇キロ上流の田代町漁協の管轄するエリア内と、粕毛漁協が管轄するエリア内が紹介されている。また、サクラマスが漁業権魚種に指定されておらず、冬期にサクラマス釣りができる雄物川水系にいたっては、紹介記事のリード部分に次のような文章がある。

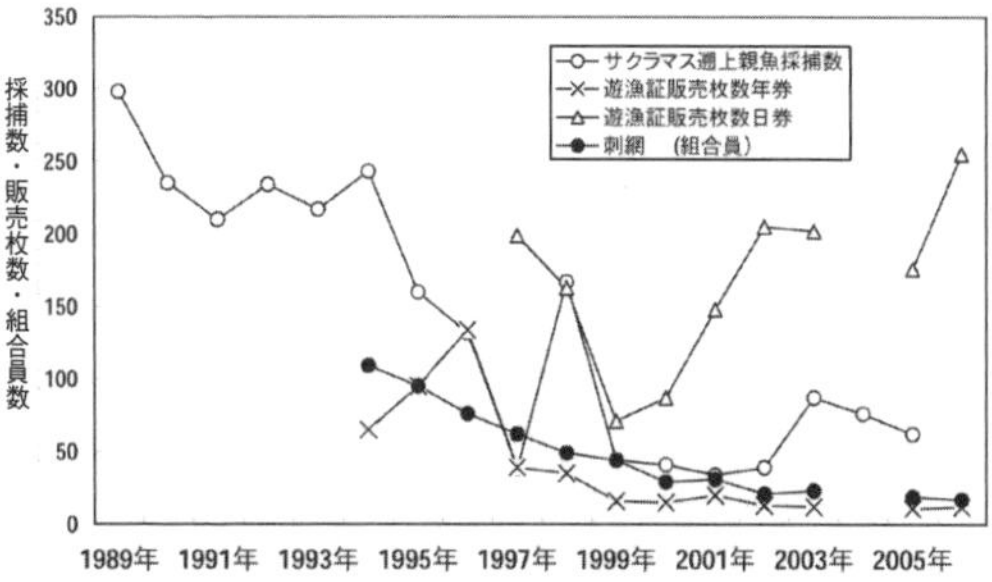

図：阿仁川漁協におけるサクラマスの採捕状況
(秋田県さけ・ます増殖管理推進事業報告及び組合資料により作成)

> 例年なら、厳冬の中、凍るガイドを口で溶かしながらの我慢を強いられる鼻垂らし釣行なのに、雪がない上に暖かかった。六〇匹近くの釣果が確認されたが、表に出ない情報も含めるとおそらくその数倍は上がったと思われる。今年の六月は多くの魚影が期待できそうだ。

実際にその通りなのだろう。六月の解禁以降も、阿仁川はもとより米代川水系や雄物川水系におけるサクラマスの釣獲尾数や漁獲尾数は、公式な数字が全く明らかにされていない。唯一、阿仁川において阿仁川漁協の増殖事業用の親魚採捕数が明らかにされているだけである。これとても、国のさけ・ます資源管理センターのデータベースへ秋田県から報告されている数字よりも小さい年もある。

サクラマスというのは、ことほど左様に捕獲実態のつかまえにくい魚なのである。そこで前項の山形県のように、各河川で漁業権魚種化して漁獲、採捕、釣獲実態を把握し、管理してゆこうという流れが起きている。そのためにはまず増殖事業を先行させようということで、米代川水系サクラマス協議会の発足につながっている。

しかし『釣り東北』にはこのような記載もある。

水系単位とはいえ、現時点で小坂町漁協、既にサクラマスの漁業権を獲得し毎年一〇万尾の放流を行なっている阿仁川漁協、流域内の堰堤がサクラマスの遡上を阻害しているとされる萩形ダム漁協は、この協議会や米代川水系全体としてのサクラマスの漁業権獲得には慎重な態度を示しており、まだまだ高いハードルがあると感じさせた。

小坂町漁協と萩形《はぎなり》ダム漁協は組合員数が少ない。県内水面漁連にも加盟しておらず、漁業権魚種化に伴ってサクラマスの増殖費用を負担しても見返りがないということなのかもしれない。

七月二三日の朝日新聞は、萩形ダムのある上小阿仁村（人口三〇五六人）の村長が、高レベル放射性廃棄物の最終処分場を誘致する検討を始めたと報じた。34ページでふれた余呉川のある滋賀県の余呉町でも同様の問題が起こっている。なんと過疎地の財政難と核廃棄物処分場誘致とサクラマス（ビワマス）とが関連するのかと、筆者は複雑な気持ちをもつ。

サクラマスの遊漁対象化と増殖事業との関係は、富山県神通川、福井県九頭竜川、山形県赤川、新潟県の四河川、そして本項で検討した秋田県の米代川水系と、時代とともにいろいろ変化して来ている。

現在、水産庁はサクラマスの産卵場の保護造成事業も増殖事業として考える方向で、検討を進めている。それが認められれば、オイカワやウグイと同じように、サクラマスの自然産卵を促進させることも増殖事業とみなし、漁協が釣り人から遊漁料を徴取できることになる。ある意味当然である。

本書ではこういった動向を考慮しながら、山形県、秋田県に続いて、富山県、福井県、新潟県と日本海沿岸を南下してゆく。サクラマス増殖事業と遊漁化との関係をさらに考えてゆきたい。

サクラマス遊漁規制の経緯とその影響

神通川ではダム建設により、河口からの流域総延長距離が一九四〇年までの一七パーセントにまで減ってしまった。遡上水域の減少はその割合以上にサクラマス産卵のための支流、源流域の減少を示している。

一九九六年、富山県神通川で遊漁者が富山県や国を相手に、サクラマスの遊漁権うんぬんを申し立てるという騒ぎがあった。この神通川の騒ぎの本質がどういうものだったのかを検討しておくのは、サクラマス釣りの遊漁化の今後を考える際に、どうしても必要なことのように思える。

というのは富山でのこの問題があったが故に、その後新潟、石川、福井でのサクラマス遊漁化において、それぞれの県や漁協が遊漁者に対して一定の配慮をはらう結果になったようであるからだ。川と湖の遊漁の問題を扱う各県の内水面漁場管理委員会が正当に機能する意味で、それは好ましいことと言える。

【表】に山形県赤川、秋田県阿仁川のサクラマス遊漁化、および神通川における遊漁規制の経過を示した。この問題はサクラマス釣りのこの一〇数年の過熱化が何だったのかをも考えさせる。

表：神通川におけるサクラマス遊漁規制の経過

1993年（平成5年）	9月1日山形県赤川でサクラマス竿釣り（年券4200円）認可
1994年（平成6年）	1月1日秋田県阿仁川でサクラマス竿釣り（年券7000円）認可 富山県神通川でサクラマス投網（年券10300円）4人
1996年（平成8年）	6月26日富山県内水面漁場管理委にサクラマスアンリミテッドら要望書 9月1日富山県内水面漁場管理委でサクラマス遊漁規則認可 10月3日「日本の釣り環境を守る会（代表木村武義）」審査請求申立 「アングリングNo.121（12月号）」誌上で神通川サクラマス規制について詳報
1997年（平成9年）	神通川4月1日より6月15日20名（年券31000円）サクラマス遊漁開始
1998年（平成10年）	上記遊漁規則について交渉があり変更決定
1999年（平成11年）	4月1日より5月31日70名（年券31000円）で以降サクラマス遊漁を継続
2000年（平成12年）	1月28日「サクラマスアンリミテッド（代表杉坂研治）」ら7団体富山県知事に対して神通川サクラマス遊漁規制についての公開質問状 「トラウティスト春号」誌神通川のサクラマス問題取りあげる

まず一九九三年、それまでアユ以外の魚種の遊漁券年券を平均四〇四五円で販売し、全県でサクラマス釣りを認めていた山形県で、新たに赤川にサクラマス竿釣り（年券四二〇〇円）を認可したことから事が始まる。次いで、秋田県で翌年一月一日の漁業権の一斉切り替えの際に、阿仁川でのサクラマス竿釣り（年券七〇〇〇円）が認可された。

その頃まで、神通川ではサクラマスは釣れない・釣るのが難しいとされていたが、ルアーのミノーやスプーンを使えば釣れることがわかってきた。サクラマス釣りの遊漁券にはヤマメ、イワナの竿釣り遊漁券（年券二〇六〇円）をあてる。この年券売上げ枚数はそれまで一〇〇枚程度であったのが、七〇〇枚を超えるようになった。

一九九六年の一～七月の神通川水系のサクラマス漁獲量は【図】に示すように、二一八五キロと前年の四割に激減した。同年のこの大幅な減小は山形県の最上川水系や赤川でも起こっている現象で、ヤマメ、イワナの竿釣り遊漁者による乱獲が原因と決めつけるのには、無理があるようにも思う。

ただ、神通川を管轄する富山漁協としては、これを契機にサクラマス遊漁を〝公認〟して規制しようと考えた。そしてその年九月一日の漁業権の一斉切り替え（一〇年に一回の一斉切り替えが他県は一九九三年か九四年に集中しているが富山県だけは九六年）の際に、遊漁規制の大幅改訂を行った。

神通川のルアー&フライフィッシング愛好者代表と、任意団体のサクラマス・アンリミテッド代表者はこのことを事前に知り、内水面漁場管理委員会と富山県知事にこの遊漁規制改訂を不認可としてもらいたいという手紙と要望書を提出している。しかしそれに対する返答はないまま認可された。

結局、神通川では、〈遊漁期間＝四月一日～六月一五日／遊漁区域＝富山市草島北陸電力火力発電所油送橋～富山大橋／遊漁人数＝公募により年間二一〇人。応募者多数の場合は抽選で選出する。／遊漁券＝年券三一〇〇〇円／捕獲匹数＝年間五匹〉というサクラマス遊漁規制が、翌年の一九九七年（平成九年）より実施されることになった。

ここまでの経緯に対し、東京の遊漁者木村武義氏が当時の大原一三農林水産大臣に対して、行政不服審査請求の申し立てをした。富山県知事が行ったサクラマス遊漁規則の認可処分は違法不当であるので、取り消す決定を求めるという内容だ。そこで農水省から富山県に差し戻すような形で、木村氏と富山県、富山漁協の間で話し合いが始まったようである。

木村氏の申し立ての法律的根拠は、漁業法一二九条・遊漁規則に関する条項の『第五項、都道府県知事は遊漁規則の内容が左の各号に該当するときは、認可をしなければならない。一、遊漁を不当に制限するものでないこと。二、遊漁料の額が当該漁業権に係る水産動植物の増殖及び漁場の管理に要する費用の額に比して妥当なものであること。』というものである。

たしかに、神通川の遊漁者は、それまでイワナ、ヤマメの竿釣り遊漁券を買って、区域も期間も人数もかなり広く長く多く、ある意味ほとんど規制なしにサクラマスを釣っていた。今回の遊漁規制の厳しい改訂が、この漁業法第五項に違反すると考えるかもしれない。

しかし、むしろそうであるがゆえに釣り放題を心配して、富山漁協は漁獲規制としてのサクラマス遊漁規制を申請したのである。そして、それを富山県の内水面漁場管理委員会が審議し（委員たちがサクラマスの資源状態や遊漁捕獲の実態をどれだけわかっていたかは別として）、決定し、知事がそれを認可したわけだ。

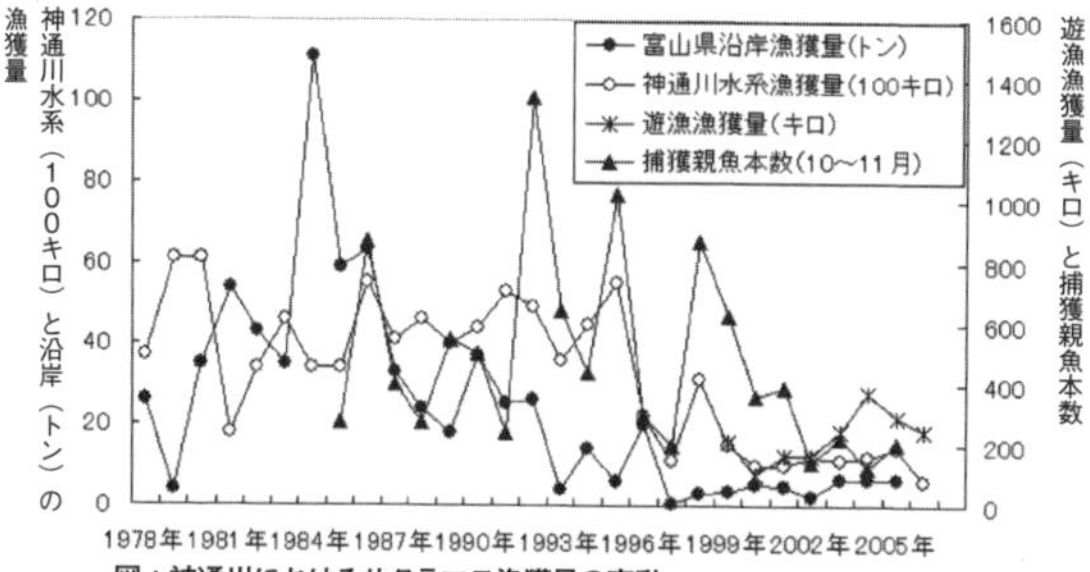

図：神通川におけるサクラマス漁獲量の変動
（富山県水試のサクラマス増殖事業報告書により作成）

サクラマスの資源維持のためには、細かい内容において検討の余地はあるとしても、遊漁規制そのものは必要である。それもあってか審査請求申し立て後の釣り人と県・漁協との話し合いは条件闘争になったようだ。翌年にはサクラマスの遊漁区域を拡げ期間を短くし、遊漁人数を七〇人へ大幅に増やす改訂が行われた。

神通川における一九九六年からの一連の動きには、抽選遊漁券の配分をめぐってのかけ引きや裏取り引きもからんだ釣具店などの事情が背景にある。いわば年券の配分をめぐっての利権争いのようなもので、釣り人による〝遊漁権の主張〟という本質的な議論ではなかったようである。

それでは、一方の富山漁協の組合員は、サクラマスにどうかかわっているのだろうか。富山県水産試験場発行の平成一七年度サケ・マス・リバイバル事業報告書（サクラマス・リバイバル事業）によれば、富山漁業協同組合が調べた平成一七年四〜五月のサクラマス漁獲量は一三九九キロ。内訳は漁業で一一〇八キロ（投網九六〇キロ、釣り一一三キロ、流網・刺網二九一キロ）、遊漁で二九一キロとなっている。

投網漁は平成九年以降、組合員にのみ認められている。釣り漁は遊漁者と同じ年券三一〇〇〇円で、二〇名の組合員にだけ認められている。流し網漁は手間やコストそして技術も必要とされるため、資源の減少と組合員の高齢化にともない、現在ではその漁獲量は大幅に減っている。遊漁者の言い分では、サクラマスを網で穫ることを資源の減少につながるから規制すべきだとしているが、網で穫らなかったら漁業として成り立たない。

神通川では一九二〇年以後、網を主な漁具として毎年一五〇トン以上のサクラマスを漁獲していた。しかし一九四一年の久婦須《くふす》第二ダムの建設を皮切りに、神通川流域に以後四五年間で二〇近くのダムが建設され、一〇八三キロあった河口からの流域総延長距離が、たった一七パーセントの一八五キロにまで減ってしまった。この遡上水域の減少はその割合以上に、サクラマス産卵のための支流、源流域の減少を示している。

田子泰彦氏の論文「神通川と庄川におけるサクラマス親魚の遡上範囲の減少と遡上量の変化」（水産増殖四七巻一号、一九九九）は、そのことを明らかにしている筆者の好きな論文である。〝産業・治水の進展に伴い、神通川水系全流域においては、各種堰堤、頭首工および護岸造成などの河川工事による小規模な河川の改変が各所で行われていたことから、サクラマスの生息環境の変化も漁獲量の減少の大きな要因の一つと考える〟と記してある。

ともあれ、神通川水系のサクラマス漁獲量は【図】に示したように二八年間の平均値は三三八四キロ、遊漁がさかんになった平成六年以後は二〇六二キロしかない。小さくなったパイを遊漁者と漁業でわけ合っているのだから、切ない話である。

その上、二〇〇〇年くらいまでは見えていた捕獲親魚本数が三年ごとで増大する周期が、減少したまま消えてしまったようであることも気にかかる。神通川の状況を最上川などと比較して、漁業、遊漁、増殖事業、海面漁業などとの関係をさらに検討したい。

一九九八年、遊漁者枠が七〇人になったあたりから何か始まったのか。富山では山形、秋田よりおくれてサクラマスの遊漁化が実施された。漁業漁獲量より遊漁漁獲量が多くなるという状況は、後から遊漁化を開始した新潟県も含めて、本州日本海沿岸各県のサクラマス遊漁への対応を考える際の、重要な関係の変化だといえる。その意味で神通川のサクラマスは要ウオッチングということになる。

富山県神通川支流井田川での投網によるサクラマス漁

富山県庄川でのマス流し網漁

庄川のサクラマス

神通川支流熊野川のヤナ

撮影：田子泰彦

サクラマスのうち、川に残るものがヤマメである。海に降りたサクラマスが大きく育って帰ってくるのに対して、ヤマメは渓流で小さいまま成熟し産卵する。

それらの中間の大きさで、渓流と海の間すなわち大川の河口域までの本流域で獲られる魚—すなわち、ヤマメとしては大きくサクラマスとしては小さい魚は、不思議な存在である。

渓流に比べて海は空間というかスペースが大きく、エサとなる動物も多様で量が多い。エサを食べて成長するのに大きく影響する水温も、海の方が渓流に比べて変動が小さく、より高い場所を選択できる。大川や本流は渓流と海の中間の条件を備えているわけだ。

結果として、渓流と海の狭間で成長するサクラマス（ヤマメ）の到達する大きさは体長三〇センチ前後と、サクラマスとヤマメの中間となる。この中間型サクラマス（ヤマメ）を、釣り人は、大ヤマメ、本流ヤマメ、銀毛ヤマメ、偽銀毛、戻りヤマメ、戻りマスなどと呼び、その成り立ちというか素性をいろいろ考える。

この中間型の存在は、河川残留型のヤマメと降海型のサクラマスとが分化する原因、歴史、仕組みとも関係して、ややこしい問題である。生活史との関連から中間型を二つに分けることができる。

第一は、大きなヤマメと呼ぶべきもの。銀毛化してはいるがうっすらとパーマークが残存しており、魚肉は白身のことが多い。本流の合流点から河口までで獲られることが多い。

第二は、小さなサクラマスとも言えるもの。海での滞在期間が短いことも関係して、サクラマスとしては小型個体である。肉は赤く河口域から沿岸部で生活している。

サケ・マスのなかまには、ジャックと呼ばれる短期回遊型のオスがいる。ギンザケやマスノスケ（キングサーモン）、ベニザケでその存在が知られていたが、サクラマスでも明らかになった。

ロシアの太平洋海洋研究所のTsigerらが一九九四年カナダの水産生物研究誌に発表した、沿海州におけるオスのサクラマスの生活史の型に関する論文がある。ここではサクラマスのオスは次の四つの生活史のどれかを経て成熟するとしている。

(1)オスのパー（ヤマメ）、(2)パーとして成熟したジャック、(3)以前にパーとして成熟してはいないジャック、(4)通常の降海型のオス。

(2)が右で述べた「大きなヤマメ」であり、(3)が「小さなサクラマス」に相当する。ただし偽銀毛との関係で、(2)のジャックは短期間海で生活するという点で大きなヤマメではないので、さらに検討を要するとしている。典型的なジャックである(3)については、八月から一〇月にかけて河口から産卵場で採捕された尾叉長二七八～三二五ミリの九個体をくわしく表にしている。沿海州南部の一一河川で七～一〇月に刺網で採集した一〇〇〇以上の成魚のうち、ジャックの出現率は〇・五パーセント以下であったとしている。

日本における野生のジャックの報告は、今のところ朱鞠内湖での湖沼陸封についてのものしかない。それは研究者が戻りマスと呼ばれる小さなサクラマスを採捕できないからで、日本海西部や太平洋沿岸南部のサクラマスの遡る川で獲れる小さなサクラマスは、ジャックである可能性が大きい。

なおサツキマスには本流の下流域から五月に遡上する小型のカワマス（ツツマス）と、沿岸域まで降海し六月中旬以降が遡上のピークになるやや大型のアマゴマス（ヒラマス）との、二型があると言われている。サクラマスの生活史の型とサツキマスのそれとを比較すると面白い。また「2尺ヤマメ」という呼称については、コラム⑦を参照されたい。

九頭竜川は〈世界に誇れるサクラマスの川〉になるか

上流の支流にまで遡上させて自然産卵をさせればサクラマスは増える。九頭竜川では漁業組合、釣り人、サクラマスを増やしたい県民が共に取り組める関係にある。そして、やるべきことは明確だ。

福井県はサクラマスの日本海側における南限というか、むしろ外れの域にある。そのために、遊漁の面では九頭竜川でもいろいろ面白いことが起っている。

まず、日本海側の各県や内水面漁協がサクラマスやヤマメを漁業権魚種としてどう扱っているかを、富山から兵庫までの五県で検討してみる。

福井より北の石川県や富山県は、基本的にほとんどの漁協がヤマメを漁業権魚種としている。富山県ではここ一〇数年、ヤマメに加えてサクラマスを遊漁の漁業権魚種として認める方向にある。

それに対して南の京都、兵庫ではアマゴとヤマメを漁業権魚種としている。京都では「マス類」を漁業権魚種としている漁協もある。これは瀬戸内海に流れ込む河川をもつ京都、兵庫の両県が、アマゴを漁業権魚種として認めていることと関係している。日本海側の河川には本来いないはずのアマゴの人為的な放流もからみ、ややこしいことになっているわけだ。

そういう関係の中で、福井県は境界というか中間に位置しているためか、南北両方の県の影響を受けてゆれている。平成六年（一九九四年）に水産庁が行なった遊漁料実態調査では、福井県内でアマゴを漁業権魚種としているのが一一漁協、アマゴとヤマメを漁業権魚種としているのが、九頭竜川の三漁協と南川、北川の二漁協であった。それが平成一一年（一九九九年）の全国内水面漁業協同組合名簿では、九頭竜川を含め福井県内の一一漁協すべてがアマゴを漁業権魚種としており、ヤマメの名は見られなくなっている。

ところが平成一五年（二〇〇三年）に公示された福井県内水面漁場管理委員会の認可した県内一七漁協の漁業権魚種を見ると、アマゴとヤマメとしているのが八漁協、アマゴのみが四漁協となっている。遊漁料については、八漁協でヤマメ、アマゴの年券が（コイ、フナ、イワナも含めて）三〇〇〇円から五〇〇〇円で、九頭竜川中部漁協のみが六〇〇〇円という設定である。

九頭竜川をはじめとする福井県内のサクラマス釣りは、二〇年近い歴史を経て、現在はヤマメの遊漁券（雑魚券）で〝公認〟されている。ただし九頭竜川に福井市で南から流入する足羽川漁協は、漁業権魚種の項に、あまご、やまめ（さくらます）と記している。

国土交通省の福井河川国土事務所が発行している九頭竜川水系情報誌『かわらばん』第一一号（二〇〇五年三月発行）のサクラマス釣り情報の欄には、〇サクラマス漁解禁期間二月一日（一部区域二月十六日）～五月三一日まで。◯釣法さお釣り（ルアー、フライ）と明記されている。問い合わせ先は九頭竜川中部漁協だ。同誌に掲載されている「アンリミテッドの座談会」では、こんなことが語られている。

地元では一部の人達が趣味で漁を楽しんでいたんですが、全国のアングラー（釣り人）が、こんなに釣れるよい漁場は日本中他にはないと…（中略）実はルアーやフライの釣りが楽しめるようになったのは福井県、九頭竜川が全国で初めて。鮎のことばかりが言われますがサクラマスに関しても全国に、そして世界に誇れるブランドリバーなんです。

つまり、九頭竜川ではサクラマスが漁業権魚種として公認されていないのに、現実的には〝世界に誇れるサクラマスの川〟に九頭竜川はなってしまっているのである。

座談会中にある「全国のアングラーが…」という表現のいきさつについては、季刊『フライの雑誌』第一四号（一九九〇年一〇月）がくわしい。「サクラマスの釣り場は拡がるか？」と題した故中沢孝編集人による、釣り人・沢田賢一郎さんへのインタビューの中で、沢田さんは次のように話している。

福井県の九頭竜川でルアーが規制されようとした時もルアーとゴロ引きを混同して、ルアーが川を荒らしてアユ釣りに悪い影響を与えるという理由付けだった。（中略）ルアーが禁止になるらしいと噂が流れていた時点で、漁業組合にかけ合いに行きました。そしたら組合長がなかなか話の分かる人で、「私もテレビで見たことがあるけどルアーはどう見てもゴロ引きとは違う」と言ってくれまして、さらにフライも含めて全国の多くの釣り人がサクラマスを釣りたがっていること、できればゴロ引きを何とかしてもらいたいこと、稚魚放流もしてもらいたいこと、サクラマス釣りのための遊漁券も作ってしっかり管理してもらいたいことも伝えました。結果、サクラマスを釣るための年券を今年から設定してくれまして、去年からサクラマスを増やすために九頭竜川本流にヤマメも放流するようになったんです。

現在、九頭竜川のサクラマスをとりまく環境は遊漁関係者中心に動いているようである。その一つの表れを「九頭竜川サクラマス研究所」というホームページに見る。ホームページ管理者は、一九九八年より福井市にある越前フィッシングセンターの資料を中心に、関係する釣具店の発信する情報などを収集してサクラマスの日別釣果（それを旬、月、年別にも）、大きさ、重さまでを整理し分析している。越前フィッシングセンターは九頭竜川中部漁協の発行する遊漁券については、雑魚券の九割以上を販売しており情報もよく集まる。店に行けば詳細な情報を見ることができる。

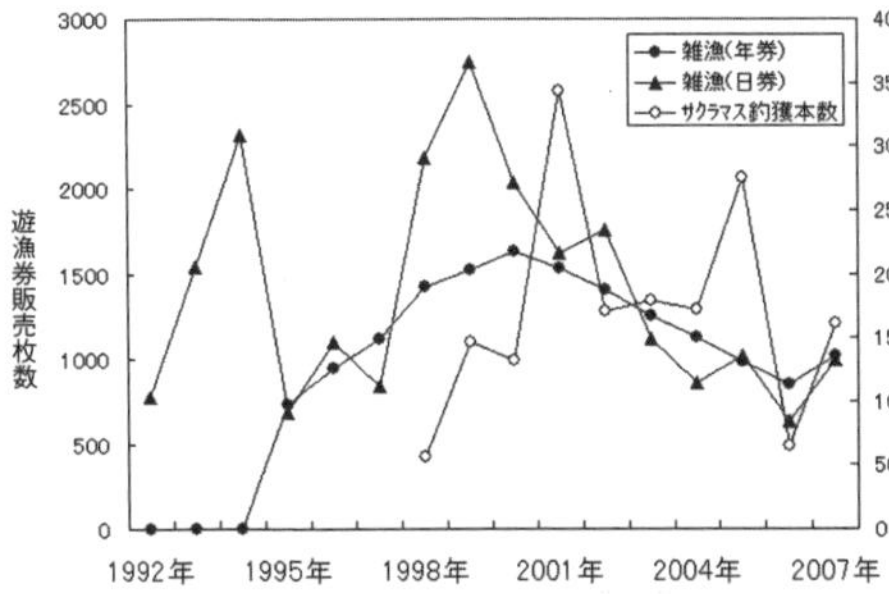

図：九頭竜川におけるサクラマス釣獲本数と九頭竜川中部漁協の遊漁券販売枚数（引用資料等くわしくは本文参照）

越前フィッシングセンターから「九頭竜川サクラマス研究所」の管理者に了解をとってもらい、この一〇年間のサクラマス月別釣果を使って、【図】を作成した。雑魚の年券と日券の販売数は九頭竜川中部漁協より提供していただいた。

九頭竜川中部漁協の岩本組合長のお話によれば、九頭竜川では大正時代よりカワマスと呼んで、サクラマスを四、五月に刺網で獲ってきたという。昭和一七年（一九四二年）の『河川漁業調』には九頭竜川は一八五三七貫（一本の平均重量二・五キロとして約二七八〇〇本）の鱒漁獲量が載っている。

しかし一九五五年、河口から三〇キロの位置に鳴鹿《なるか》堰堤が建設されるのに前後して、足羽川を含む九頭竜川水系に多数のダムが建設され、サクラマスの遡上量は激減してゆく。二〇〇七年までは漁業権行使料一五〇〇〇円の地引網が組合員から二、三件申請され、一回の漁で一〇～一五本のサクラマスを獲っていたが、寒中の漁のため今は竿釣りになってしまったという。

九頭竜川では、九頭竜川中部漁協およびサクラマス・アンリミテッドが、他県から購入したサクラマスの稚魚を放流してきた。二〇〇七年より福井県もサクラマスのブランド化事業を開始し、四年間で総額一二〇〇万円の予算で放流事業を行う計画である。二〇〇七年の一〇、一一月には鳴鹿大堰の下で、漁協とフライフィッシャーマンの有志によりサクラマス親魚の特別採捕が行われ、約二万粒が採卵された。

九頭竜川支流の足羽川と日野川でも雑魚の年券が合計三〇〇枚近く売られている。量は不明だがサクラマスが釣られているとのことなので、支流での自然産卵があるものと思われる。それでは本流ではどうなのか。入手可能な資料により分析した結果、筆者は現在次のように考えている。

中角観測所での月平均流量が一七〇三立方メートル／秒までは、流量が多ければ多いほどサクラマスの遡上量が多く釣獲量も多い。しかし、それ以上の流量になると二〇〇三年四月、五年三月、六年三、四、五月のように釣獲量が激減する。結果として、遡上したが人に獲られなかったサクラマスの多くが、その増水で鳴鹿大堰を越えている可能性がある。それが上流での自然産卵の増加につながり、三年後に回帰するサクラマスも多くなる。

九頭竜川の回帰量は回帰年の三～五月の流量によって規定される釣獲量でしかうかがい知ることができない。ただ、月平均流量一七〇三立方メートル／秒より流量の多い年は釣獲量が大きく減少し、自然産卵量は多くなるだろうということは言える。二〇〇七年秋には、鳴鹿大堰の下流に流入する小支流の永平寺川でサクラマスが産卵し、その卵をウグイが捕食する場面が撮影放映されたという。

北海道斜里川、青森県老部川、岩手県安家川では、下流で捕獲せずサクラマスを上流の支流にまで遡上させて自然産卵をさせれば、サクラマスが増えるということが明らかになっている。

九頭竜川のサクラマスを増やすために今必要なことは、鳴鹿大堰について、サクラマスの遡らない現在の魚道を改良することと、サクラマス遡上期に限って増水時にローラーゲートを上げ、サクラマスが遡上できるように底出しで水を流すようにすることである。

九頭竜川ではこのことに、漁業組合、釣り人、そしてサクラマスを増やしたい県民が、共に取り組める関係にある。

神通川の項でまとめたように、サクラマスの川での釣りが一九九三年に赤川で認められたのを皮切りに、翌年の阿仁川、一九九七年神通川と、サクラマス釣りのブームが起こった。それ以前、一九八九年一月と三月の釣り雑誌『アングリング』誌上で特集が組まれている「2尺ヤマメ」の釣りは、〝公認前〟のサクラマス釣りということになる。

阿仁川の流れ込む米代川水系のサクラマス協議会で、サクラマスの遊漁対象化の検討が始められたのは二〇〇七年四月である。秋田県を代表する三水系（米代川、雄物川、子吉川）の内水面漁協で、二〇一〇年四月よりサクラマスが漁業権対象魚種として認定されることになった。

雄物川の冬サクラマス釣りでは一一月解禁から二月末まで、毎年五、六〇本の早期群が釣れていたらしいが、これからは六月一日解禁で遡上サクラマスの晩期群も釣れることになる。そして禁漁となる三、四、五月の遡上盛期群は上流へとエスケープさせる。

サクラマスの漁業権魚種化は、次に述べる三者の思惑が一致した結果である。

その思惑とは、遊漁者は釣れる川の数と期間を増やすことで、サクラマス釣りを楽しむチャンスを増やしてほしい。漁業者は、遊漁者から遊漁料をとって増殖のために使い、海でも川でも漁業者の獲るサクラマスを増やしたい。秋田県の行政担当者は密漁を減らせるし、漁業者や遊漁者の要望にも応えられる。

秋田県ではサクラマスの漁業権魚種化により、〝遡上してきたサクラマスから採卵し育成した魚（F1）を親魚に育て、それからさらに採卵孵化育成した稚魚（F2）を放流する〟（秋田県内水面漁連HPより）事業を行うとのことである。

これは漁業権魚種化に伴う増殖義務を池産系の放流で受け流す三方一両損的な対応で、自然産卵の遡上量確保をめざす方向だといえる。秋田には知恵者がいるということか。

サクラマスの本場である北海道でも、内水面漁場でのサクラマスの漁業権魚種化を望む声が一部からあがっているが、その必要はない。というか認めるべきではない。

北海道では川でのヤマベ（ヤマメ）釣りが人気があるが、それに対して漁協は遊漁料金をとっておらず、稚魚などの放流も行われていない。これは大変望ましいことで、北海道では各河川ごとにそれぞれのヤマメが維持されている。そしてサクラマスもヤマメ化していない。河川残留型のヤマメと降海型のサクラマスの相分岐や遺伝的分化とも関係し、複雑で面白く未解明の問題とからんでくるテーマだ。

北海道のヤマベ釣りでは、道央・道南地方では四月と五月、道東・道北地方は五月と六月の二ヶ月間が禁漁となっている。この時期にサクラマスがふ化後一年目か二年目の銀毛ヤマベとなって、雪どけ水と共に海へ下るのを釣らせないためである。この禁漁期の後、六、七月にいわゆる新子釣りがあり、砂防ダムの研究者高橋剛一郎（一九八二）によれば、九、一〇月ころに一〇センチくらいの当歳魚のヤマベ釣りも人気がある。それら釣られる魚のうちの何割かはサクラマスになる稚魚であり、海洋生活を経験した二年後にはサクラマスとしてもどってくるはずのものもある。

全国内水面漁連の広報誌『ぜんない』（一三号）に田子泰彦さんが〝サクラマスのルアー釣りの導入はいかが!〟と面白い話を紹介している。富山県の庄川では二〇〇七年に遊漁者にもサクラマス釣りを許可したところ、一〇〇人を超えるルアー釣りの遊漁者が殺到した。するとそれまで好き放題にアユを補食していたカワウが、飛び交うサクラマス狙いのルアーを恐れて川に近づかなくなり、その年はフィーバーするほどアユがよく釣れたという。

石川県・犀川

南端のサクラマスと辰巳穴あきダム訴訟

犀川で一〇〇本近く釣られているサクラマスは、支流と、増水時に法師堰堤を越えた上流域での自然産卵によって維持されていると考えられる。

『ＦｌｙＦｉｓｈｅｒ』誌二〇〇八年七月号に、天谷菜海さんの「今あえて発展的解散を選ぶ、サクラマス・アンリミテッドの今までとこれから」が載った。この文章は釣り人が抱えている川とサクラマスへの想いを、かなりぶっちゃけた形で伝えていると思う。九頭竜川でサクラマスとつき合い続けるためにはサクラマスを増やすしかないと、サクラマス・アンリミテッドはかつて人工ふ化放流に取り組んだ。時代の情況からいったらそれは当然というか必然のことだったと思う。

しかし今は、水産庁の専門家もサクラマス増殖に関して大きな方向転換をせざるを得ない時代になった。サクラマスを増殖させるのに、人工ふ化放流事業一辺倒主義からの変更が起こっている。サクラマス・アンリミテッドが放流し続けたサクラマスの発眼卵は、主に石川県から購入したものだった。そこで石川県のサクラマス増殖事業はどうなっているのかを、本項では調べてみる。

国や水産庁が降海性ます類増殖振興事業に乗り出した一九八五年（昭和六〇年）、石川県は本州の青森から富山までの七県と共に、能登半島宇出津の鵜飼川での池産系サクラマス稚魚の放流（七万七千尾）による事業参加に取り組んだ。当時、石川県では河川を遡上するサクラマス親魚を採捕して採卵することが困難という判断が県の関係者にあったため、池産系に頼ることになったのだろう。

さかのぼること九五年前の明治二二年、石川県内手取川《てどりがわ》での河川内サクラマス漁獲量は一二七六貫（約一九一四本）、次いで大聖寺川（六四二本）、犀川（四〇五本）であった。それがダム建設その他によって手取川のサクラマス遡上量が壊滅的な状況になってしまっていたので、能登半島先端の小河川である鵜飼川で増殖試験をやってみよう、ということになったのである。

一九八五年から二〇年間、石川県は真面目に鵜飼川で一〇万尾前後の池産系1^+スモルトを放流し続けてきた。しかし、川が小さすぎるのかまたは池産系稚魚の放流に原因があるのかは不明だが、一九九八年に鵜飼川でサクラマス親魚が二尾捕獲されたのを最後に成果が得られなかった。四年後には調査のための放流事業が中止になり、放流場所も鵜飼川から同じく能登半島の米町川に変更となった。そして、米町川での放流（一〇万尾前後の1^+スモルト）も、四年後の二〇〇五年が最後となり、現在石川県におけるサクラマス増殖事業は、報告すべき実体がないという状態である。

その同じ年に、石川県白山自然保護センターから橘礼吉さんの「手取川源流域におけるサケ・マス・イワナ漁について―奥山人の渓流資源の利用例―その1」という研究報告がでている。手取川源流域で人間の最奥居住地は旧白峰村（現白山市）市の瀬だが、白峰村の大正一一年（一九二二年）のマスの漁獲量は三三四貫（約五〇〇本）であるという記述がその中にある。手取川水系のサクラマス漁獲量の四分の一近くが源流域で獲られていたことになる。

手取川にはその後、発電所とそれに付属する取水堰堤が次々と建設された。昭和九年（一九三四年）にはマスの漁獲量はわずか一貫（一本）となってしまう。この年、白峰村が提出した石川県知事宛の漁獲高報告書では、この惨状を発電所が原因であると訴えている。

現在、手取川でのサクラマス釣りは、時々話題にはなることもあるが、年間一〇数本というところらしい。一方シロザケの人工ふ化放流事業は盛んに行われており、二五年ほど前より九〇〇万尾近くを放流している。手取川への回帰量もだんだん増えて、二〇〇〇年には二万三千尾ほど採捕されるようになった。そして二〇〇〇年より、サケ有効利用調査という名目のサーモンフィッシングが手取川で行われるようになり現在に至る。

こう書いてくると、石川県のサクラマスはどうしようもないように思える。しかしそれには、やむを得ない面がある。

石川県の平成一〇年度「さけ・ます増殖管理推進事業実施結果報告書」ではサクラマスの沿岸回帰量（漁獲量）の分析を行い、納得のゆく興味深い結果を出している。石川県沿岸でのサクラマス漁獲は、主に三月から五月にかけて能登半島北東部の定置網や刺網漁による。報告書では年による漁獲努力の変化の少ない定置網について検討している。総漁獲量は日本海の異常冷水といわれた一九八四年に三〇〇トン近くで最大になり、一九九三年より激減し平均六トンと低迷している。この傾向は青森から南の日本海沿岸では共通している。

このことについて石川県は、サクラマスの資源量（北海道と青森県の合計漁獲量から推定）が多く、寒流の南下勢力である冷水域の張り出しが強いと、石川県でのサクラマス漁獲量が増加するという見解を明らかにした。そして、一九九〇年代の日本海は温暖傾向が続いており、これが近年の漁獲や回帰の不振をまねいている可能性があるとしている。日本海の温暖傾向はその後も変わらないので、今もサクラマスは獲れないままである。

日本海の温暖傾向と現在問題とされている地球温暖化とは直接関係ないと筆者は考えている。地球温暖化と炭酸ガス排出をめぐる日本やアメリカの動きもおかしいことだらけだが、ここでは深入りしない。ともあれサクラマス回遊の南端部に位置する石川県では、どうがんばってもサクラマスの増殖は難しいというのが実状である。

さて、ところがことサクラマス釣りに関しては、石川県の犀川が釣り人の間で話題になっている。関西在住の釣り人がネット上において、富山県神通川、石川県犀川、福井県九頭竜川の三河川で合計五〇〇本くらいのサクラマスが釣れるから、わざわざ秋田や山形に行かなくても大丈夫だと気炎を上げているのを見た。神通川と九頭竜川についてはすでに見てきているので、ここでは犀川を取り上げる。

金沢市を流れる犀川では、二一年間行われてきたサケの増殖事業を二〇〇六年に打ち切った。管轄する金沢漁協は、二〇〇七年よりサクラマスのふ化放流事業に本格的に取り組み出している。実際サケマス資源管理センターのデータベースでも、五尾のサクラマス親魚を犀川で捕獲し、一三〇〇〇粒採卵したと報告されている。

現在金沢漁協では犀川にイワナとヤマメ二万尾を放流し、日券三一五〇円、年券四一五〇円の遊漁料金を釣り人から徴収している。この遊漁券を買った釣り人により、昨年は一〇〇本近くのサクラマスが犀川で釣られている。

これらのサクラマスは、支流や増水時に法師堰堤を越えた上流で行われている自然産卵によって再生産・維持されていると考えるしかない。漁協としても、九頭竜川や神通川で認められているように二〇一四年の漁業権一斉更新に向けて、石川県知事に対してサクラマスの漁業権魚種化の申請を検討している。

さてここまでは、両隣の県と同じように石川県にもサクラマスの〝公認〟釣り場が確保されるかもしれないという話のはずだった。ところが犀川についていろいろ調べてゆくうちに、辰巳穴あきダムというとんでもない問題が起こっていることがわかった。

二〇〇八年七月一八日、ダム関係の地権者や、辰巳用水を用いている金沢兼六園関係者が原告となって、国を相手取った事業認定の取消しを求める行政訴訟の第一回口頭弁論が金沢地裁で開かれた。犀川中流部に建設中の辰巳ダムは、堤高五一メートル、総貯水量六〇〇万立方メートルの穴あきダムだ。同規模の益田川ダム（島根県）が全国で唯一完成している穴あきダムである。

同じく、岩手県気仙川支流大股川に計画中の穴あきダムである津付《つづき》ダムについては、沿川の市民や遊漁者がサクラマスの自然産卵の調査を行ったりして反対しつづけ、現在暗礁に乗り上げた状態である。（121ページ）

金沢漁協の野尻安司組合長は二〇〇七年五月の公聴会で公述人として、穴あきダムをつくれば川はよくなり釣り場もできる、釣り人にとっても良い、と滅茶苦茶なことを述べている。最上小国川ダムの建設に反対し、山形県を立ち往生させている小国川漁協の想いとは正反対である（42ページ）。県の言うことを聞いておけば、サクラマスの漁業権魚種化が可能になるとでも思っているのだろうか。

前項では触れなかったが、じつは福井県九頭竜川の支流足羽川でも、現在辰巳ダムの倍以上の規模の穴あきダムが建設中である。

降海してサクラマスにならずに河川に残留して一生を過ごすのがヤマメである。川の一部が火山の自然やダムの人為で動脈瘤のようになり湖沼が形成された場合、そこを海のように生息場所として利用し大きくなるのが、湖沼陸封のサクラマスである。

北海道の洞爺湖は、約一〇万年前の火山活動でソウベツ川の途中にできたカルデラ湖である。在来のサクラマスも遡り下りしていた可能性もあるが、一九〇〇年代中期の電源開発としてのダム建設や強酸性の鉱山廃水の流入などにより、一〇万年前のサクラマスの系統がいまも維持されている可能性は小さい。洞爺湖にはワカサギ、ヒメマス、ニジマス、ブラウントラウト、コイなどと共にサクラマスも移殖放流されている。

最大水深一八〇メートルの山上湖である洞爺湖は貧栄養であったが、有珠山の大噴火による火山灰や南岸の温泉街からの廃水などにより富栄養化が進んだ。二〇〇六年春には刺網漁で尾叉長八〇センチ、体重六・七キロの巨大なサクラマスが漁獲されている。

絶滅したクニマスで有名な田沢湖には、湖沼型の槎湖河鱒《さこかわます》と、海から遡上してくる海鱒としてのサクラマスがいたとされるが、共に今はいない。徳井利信（一九六二）〝十和田湖の湖水型サクラマス（*Oncorhynchus masou*）について〟によれば、青森県十和田湖の唯一の流出河川で、青森県百石《ももいし》で相坂川となって太平洋に流入する奥入瀬川は、湖口から約一・五キロの地点には、魚止めの滝としての銚子大滝がある。そのため十和田湖にはもともとサクラマスやイワナがいなかった。一八九四年、地元の人々が滝の右岸に魚道を開削し、滝下まで来ていたサクラマスが湖に遡れるようにした。十和田湖ではその後ヒメマスを移殖、その増殖事業は和井内貞行の名前とともに教科書でも紹介されているほどだ。ヒメマスの移殖後、今度はサクラマスがヒメマスを食害するとの理由で魚道は閉塞された。一九五〇年代、春と秋の釣りや刺網の漁期に漁業組合の集計で一〜四トン漁獲されていたサクラマスを漁師はサクラマス型とカワマス型の二型に区別していたという。

戦中、戦後、そして近年まで、電源開発や水資源開発を名目にサクラマスの遡り下りしていた川に次々とダムが建設されている。結果、サクラマスが湖沼陸封化されたり移殖放流されたりして、現在はサクラマスの生息する人造湖が次々と出現している。長内均（一九八三）は石狩川水系雨竜川の朱鞠内《しゅまりない》湖をはじめ、北海道の八つの人造湖におけるサクラマスの湖沼陸封化を報告している。

多摩川水系の奥多摩湖（小河内ダム）、阿賀野川水系只見川の奥只見湖（銀山湖）と田子倉湖、酒匂川水系河内川の丹沢湖（三保ダム）、白石川の七ケ宿湖、北上川水系猿ケ石川の田瀬ダム、鬼怒川の川俣湖なども、釣りが可能かどうかは別として、サクラマスの棲む湖として釣り人やダム建設者にはよく知られている。

この他にも、人知れずサクラマスの湖沼陸封型が進行している人造湖はあるかもしれない。したたかというか調子いいというか、悲しいかな、サクラマスというのはそういう魚なのかもしれない。

37ページで指摘したように一二〇年前の多摩川ではサクラマスが一〇〇〇本以上獲られていた。一九五七年、多摩川の山梨県境近くに東京都の上水用として小河内貯水池が造成された。筆者の研究室には以前、奥多摩湖で採集した鼻曲がりで婚姻色鮮やかな六〇センチほどのサクラマスの標本があった。これは卒論研究で加賀美順三君が都水試の加藤憲司さんの指導のもと奥多摩湖のサクラマスを調べていた縁である。

サクラマスという魚は状況に合わせて湖沼陸封という生活の仕方を、したたかに選びとる。これはコラム①に見るように、太平洋から隔離された日本海という大きな湖の原型の成立とサクラマスの出現、第二瀬戸内海湖でのサツキマスの出現、そして古琵琶湖の成立とビワマスの出現など、サクラマス一族の成り立ちの歴史とともからむことかもしれない。

新潟サクラマス釣り場の現状と問題点

サクラマスの遡上量が減ってゆく中で、遊漁料収入を増やしたいと、新潟県では〝公認〟サクラマス釣り場が始まったが…。

本州日本海側のサクラマス釣りにおける遊漁者のかかわり方、遊漁者が持つサクラマス釣りの権利については各県いろいろである。これまで見てきた各県の状況を整理してみる。

(1) 山形県では、一九九三年遊漁によるサクラマスの竿釣りが赤川で年券四二〇〇円で認可されたのを皮切りに、県内一四内水面漁協でサクラマスの漁業権魚種化が認められていった。

(2) 秋田県阿仁川では、一九九四年サクラマスの遊漁による釣り（年券七〇〇〇円）が認可された。しかし、阿仁川の本流米代川の下流域ではヤマメなどの遊漁券で自由にサクラマスを釣ることができる。そして、雄物川水系とともにその釣獲尾数は把握されていない。

(3) 富山県神通川では、一九九九年以降サクラマス遊漁（年券三二〇〇〇円）が認められている。平成一七年のサクラマス漁獲量は一三九九キロ。その内訳は漁業で一一〇八キロ、遊漁で二九一キロとなっている。

(4) 福井県九頭竜川では、福井県内のサクラマス釣りがヤマメの遊漁券（雑魚券）で〝公認〟されている。年券六〇〇〇円を購入すれば二月一日より五月三一日までさお釣り（ルアー、フライ含む）ができる。

(5) 石川県では、犀川の金沢漁協が二〇一四年の漁業権の一斉更新をめどにサクラマスの漁業権魚種化を目指している。

本州日本海側の各県で、河口および河川でのサクラマス採捕数が二〇〇〇本強ともっとも多いのは山形県だ。次いで新潟県が、二〇〇七年まで五年間の年平均採捕数が一六四〇本と多い。それでは新潟県での遊漁者によるサクラマス釣りは、どうなっているのだろうか。

新潟県でも春のサクラマス河川遡上量は年々減っている。その中で一〇数年前からのサクラマス釣りの過熱化に対応して、密漁を減らし遊漁料収入を増やしたいと、サクラマス増殖事業を実施している新潟県内の内水面漁協が県の内水面漁場管理委員会に遊漁によるサクラマス釣りの漁業権魚種化を申請し、認可された。

そうして三面川、荒川、大川でサクラマスが遊漁の漁業権魚種になったのが、二〇〇四年（平成一六年）である。翌年には加治川が加わった。それぞれの詳細を【表】にまとめた。

表：新潟県におけるサクラマス遊漁の実施状況

	2003年まで5年間の年平均春マス採捕数	募集人数		2008年まで5年間の年平均春マス採捕数	漁期一人当たり採捕数年平均値		漁業者の行使料金一人当たり単位千円
		遊漁者	漁業者		遊漁者	漁業者	
山北町大川漁協	59	20	43	49	0.2	4.4	手かぎ1本、15
三面川鮭産漁協	223	120	300	405	0.4	1.2	居繰、刺網、18
荒川漁協	228	200	50	297	0.6	5.8	刺網下流、50
加治川漁協	143	100	65	152	0.6	13.0	刺網、55

（新潟県水産課および内水面水産試験場の資料により作成）

サクラマスの漁業権魚種化により、新潟県のサクラマス遊漁者は遊漁年券を購入して釣りをする（二〇〇〇〇円。ただし荒川漁協は三〇〇〇〇円で竿釣り漁業者は二〇〇〇〇円）。

応募者数が募集人数を超えれば抽選となるが、遊漁期間（大川は三月一六日より四月三〇日まで。荒川は四月一日より五月三一日まで。三面川は三月一六日より五月二四日まで。加治川は四月一五日より五月三一日まで）は自由に釣りができる。竿釣りの漁業者は遊漁者と同じ扱いである。

いっぽう漁業者は、川によって漁法はいろいろだが漁業権の行使料金を払ってサクラマスを獲る。その採捕期間は、大川が四月一六日から六月一五日、三面川が三月一六日から五月二四日、荒川が三月一六日より六月一五日、加治川が四月一五日より五月三一日までと多様である。三面川と加治川は遊漁者と全く同じであるが、大川では遊漁より一ヶ月後にずれており、荒川では遊漁より前後一五日ずつ長くなっている。先獲りや獲り残しの始末など、これには意味があるのかもしれないが詳しい事情はわからない。

このような取り決めをした結果、サクラマスの遊漁解禁はどのような結果になったのだろうか。【図】にその結果の一部を示す。新潟県水産課内水面係提供の資料「新潟県の河川におけるさくらます捕獲量」よりこの図を作成した。

横軸に応募倍率をおいた。これは毎年の河川ごとの募集人数と応募人数から自動的に出てくる。縦軸は一人当たりの採捕尾数である。解禁期間中の採捕尾数を実際の採捕人数で割ったもので、こちらも機械的に算出されている。ただ実際に、釣り人や漁業者一人一人にとってみれば、その人が手にしたサクラマスはゼロから五〇くらいまで様々である。それが漁であり、釣りというものである。

その平均値の動きを見たとしてもいろいろな傾向が見られる。まず、遊漁者と漁業者は全く異なる動向を示す。上図が漁業者、下図が遊漁者の動きだ。

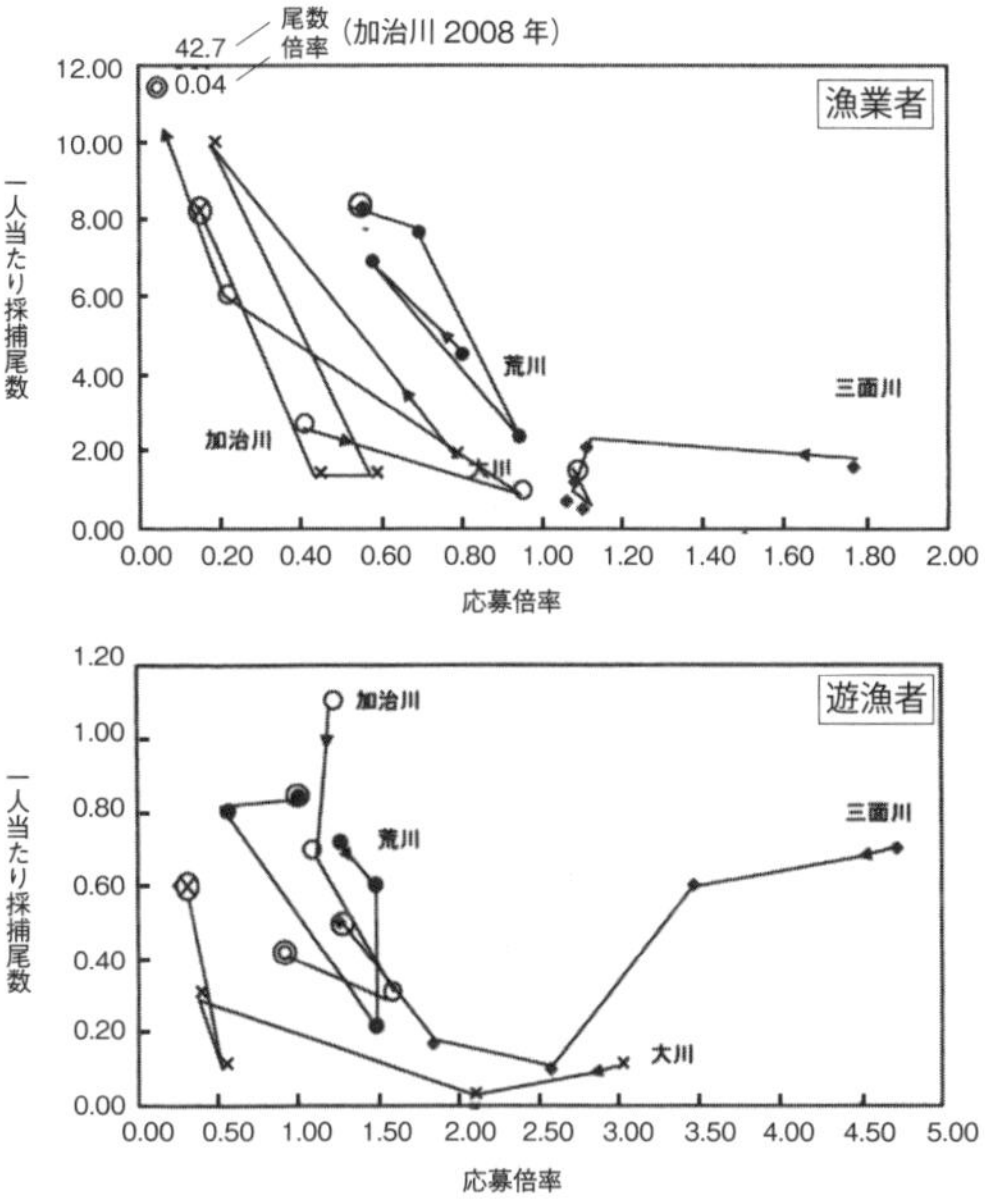

図：河川ごとの応募倍率と１人当たり採捕尾数の年変化。矢印の年から始まり、2008 年春に◯で囲った点に達した。

遊漁者の場合、加治川と荒川では一倍ちょっとの応募倍率で始まり、応募者数が少し増加することによって一人当たり採捕尾数を減らしながら、一倍ちょうどに落ちついてゆく。この言い方だと、応募倍率が高くなると一人当たり採捕尾数が減少するとも受け取れるが、倍率一以上の場合は抽選で常に募集人数内に制限されるのでそんなことはない。

三面川では当初、応募倍率四・七と熱気を帯びて始まるが、期待ほどには釣れないのか、三面川も加治川や荒川の状態に落ちついてゆく。応募倍率三・一で始まった大川は漁業者でもそうだが不人気で、倍率が最低となってゆく。

漁業者の場合は、三面川を除く三川は応募倍率が常に一以下である。応募倍率が低い、すなわち応募人数が少ないと、一人当たり採捕尾数が五本以上と多くなっているのが分かる。逆に応募倍率が高くなると一人当たり採捕尾数は減少する。これは、ある程度分量の決まったサクラマス資源のパイを、需要と供給の関係のもとで配分している結果として起こっていることといえる。

漁業者はそれぞれの所属する漁協の河川（漁業権漁場）に漁法も決まって張り付けられている。他の河川の方がより獲れそうだと思ってもそこに漁場を変えることはできない。ある意味隣の芝生が青く見えてもそちらに行ってその芝生を楽しむことのできない住人のようなものである。

それに対して、遊漁者は、釣り場としての河川を毎年自由に選ぶことができる。だから解禁後五年も経つと、どの川でも倍率一前後、一人当たり採捕尾数〇・五本から〇・六本に落ちついてくる。四河川一緒にして、遊漁者みんなで同じようにパイを分け合おうということに、結果としてなっている。

そういった動きの中で、大川の状況は厳しい。

二〇〇八年春は、応募者数が遊漁者五人、漁業者六人と減少し、募集人数の一七パーセント、予定遊漁料金収入の一八パーセントとなった。これでは増殖のためのサクラマス稚魚の放流費用の捻出も難しく、釣り場の続行も危ぶまれる状態だ。大川は一九七三年（昭和四八年）に上流部の山熊田へ砂防堰堤がつくられる前には、一漁期に一人で二～三〇〇本獲る人もいたというくらいに、サクラマスの自然産卵が多い川だったと言われているのだが。

二〇〇七年までの四年間は、秋季の特別採捕によるサクラマスの増殖事業が年平均三面川で三三尾、荒川で五二尾実施されている。大川と加治川はゼロである。

なお、河口から下流域で秋に遡上親魚を採捕するシロザケについては、どの河川でも増殖事業がさかんに行われている。三面川の江戸時代以来の種川制度は全国的にも有名だ。荒川では二〇〇七年よりサケの有効利用調査という名目でサケ釣りが始まっている。

サクラマスを自然産卵させて増やすには親魚を河川で越夏させ、産卵場へ遡上させる必要がある。サクラマスの将来を考える際に、春に遡上してくる親魚を河川漁業で獲ることの影響と、遊漁者がどのように対応するかの検討は重要だ。新潟県四河川の今後は、さらに注目してゆきたい。

湖沼陸封型とされているサクラマスの起源を考えるとき、海と川を自然に行き来していたサクラマスが、地殻変動などで形成された湖に閉じ込められた結果によるものは少ない。今となってそのルーツを調べれば移殖放流ものがほとんどである。一〇〇年以上の放流の歴史がなせることとして、サクラマスやヤマメの分布域にある自然湖に、サツキマス（アマゴ）やビワマスの血が入り込んでいることも起こってくる。

そういう中で、サクラマスのなかまの湖沼陸封が自然のままで維持されている可能性のある湖が、長野県の諏訪湖である。それは地元で一般にアマゴと呼ばれているアメノウオだ。天竜川の最上流域に生息していたサツキマスまたはアマゴが、フォッサマグナと関連して断層湖である諏訪湖に閉じ込められたのである。

アメノウオの漁獲量は、一九〇五年の四・七トンが最高である。現在は専門に狙って商売になるほど生息していない。というよりはワカサギの捕食者として害魚視する人もあり、その存在を研究者もおおっぴらにしにくい。水深の浅い諏訪湖では夏期の高水温になると川に遡るしかなくひっそりと暮らしている、研究者や環境省に無視されている絶滅危惧種である。

信濃川水系の木崎湖も諏訪湖と同じ断層湖である。ここにはキザキマスと呼ばれるマスがいる。移殖放流されたビワマスが起源であると言われているが、日本海から遡上してきたサクラマスの陸封されたものと、放流されたビワマスとの交雑種ではないかという見方もある。実際、長野県水試の山本聡さんによれば、幼魚には朱点があり銀毛になるとツマグロだという。ただしサクラマスに比べて塩水浴に弱いという。

中禅寺湖のホンマスは、その人為的な起源がはっきりしている。もともとめぼしい魚の棲んでいなかったこの湖に明治の初めにイワナが放流され、次いで、ビワマスやアマゴ（サツキマス?）、サクラマス、ヤマメと、サクラマスの仲間はほとんど全て放流されている。そしてこれらを人工授精して放流もしているので、今はどんなことになっているのか分からない。一応、中禅寺湖のホンマスは、琵琶湖のアメノウオ（ビワマス）とサクラマスの交雑種とされている。海で獲るサクラマスをホンマスと呼ぶ地域もあるのでややこしい。

コラム⑧で、ダムができて以降、サクラマスが釣れるようになった人造湖として丹沢湖（三保ダム）を紹介した。この三保ダムがつくられた酒匂川は、151ページの【図3】にも示したようにサツキマス（アマゴ）とサクラマス（ヤマメ）の分布域の境界に位置する川である。横須賀市博物館研究報告第二号（一九五七）に、大島正満さんは、「酒匂川に生息する河川型鱒類に就いて」という報告を書いている。酒匂川支流の、神奈川県を流れる河内川と世附川にはヤマメが生息し、静岡県を流れる馬伏川、抜川、鮎沢川などにはアマゴが生息していることについて、なぜそうなっているかをいろいろ検討している。本項でその原因や理由について論議するつもりはない。由来が分からないままに、酒匂川でその後どんなことが起こったかを見てみる。

現在は茨城県水試にいる高橋正和君の卒論研究（一九九〇）によると、神奈川県内水面水試の行った丹沢湖におけるペヘレイ調査では、サクラマスとサツキマスの湖沼陸封型を混獲している。そして、丹沢湖に流入する世附川、中川川、河内川では一九七四年の調査でアマゴが採集されており、それらの川では漁協、市民団体、個人によるアマゴの放流が度々行われていることを、「丹沢大山総合調査学術報告書」（二〇〇七）は報告している。そして、その報告書中の考察で金子、碓井、勝呂は、相模川、酒匂川水系では側線上に朱点を持つ、ヤマメの在来個体群が生息していたと推測している。

大島正満（一九五七）「桜鱒と琵琶鱒」によれば、北海道尻別川産のサクラマス卵よりふ化発育した幼魚一〇五七四八尾を、一九二二年より三回にわたり琵琶湖へ移殖放流した。その結果、ビワマスにサクラマスが混獲され、沿岸漁民に歓迎されたという。琵琶湖では木崎湖と同じことが起こっていないのだろうか。

岩手県・安家川

サクラマスよ、ウライを越えよ

人工ふ化による増殖事業の問題点と、自然産卵を守ることの効果を、岩手県・安家川のデータで改めて確認する。

筆者がサクラマスのことを考え始めたのは、岩手県安家川のサクラマスに関心を持ったのがきっかけだった。数年間の検証を経て、安家川のサクラマスにはひとつの決着が着いたように思う。本項でくわしく検討してみたい。

安家川にかかわるようになったのは、元岩手県漁連専務の故荒屋勝太郎氏を介して、安家川漁協の大崎公組合長と連絡をとるようになったからである。安家川では一九九二年（平成四年）、下流域を管轄する下安家川漁協が上流の安家川漁協の明確な同意もなしに、サクラマス増殖事業の名目のもと、国の補助で一億六千万円をかけてサクラマス採捕を目的とする鋼鉄製のウライ（遡上防止柵）と親魚誘導水路を建設設置した。

これは【表1】に示した国の降海性ます増殖振興事業と関係している。特に遡上親魚からの採卵を中心とする七河川のうち、岩手県では安家川が唯一の河川である。なお、これらの七河川は本書第Ⅱ

章と第Ⅲ章で全て取り上げてきた。

このウライ建設について下安家川漁協が考えたのは、以下のようなことだ。それまで秋の遡上期にはウライを設置し、サケとサクラマスを捕獲して人工採卵を行っていた。そして、春に遡上するサクラマスについては組合員は刺網で捕獲し、遊漁者は三月一日から六月三〇日まで釣りをしていた。そこで周年ウライを設置し続けることにより、二月から五月まで遡上するサクラマスの親魚をウライで止め、誘導水路で蓄養池に貯めて、光を暗くして無給餌で秋の産卵期まで飼育し、秋遡上のサクラマス親魚と共に採卵するというものである。

しかしウライ設置には、安家川漁協をはじめ、安家川中・上流域の岩泉町そして釣り人たちが、署名運動などにいろいろ取り組んで反対した。そのことを知った古田充男君が修士学位論文作成にあたり、安家川漁協と下安家漁協にお世話になってサクラマス増殖事業に関する検討を行ったのは、すでに紹介した通りである（20ページ）。

論文中にある「現在行われている増殖事業は親魚確保の為にウライを設置し自然産卵魚の遡上を妨げた上に費用をかけ未熟な増殖技術で無駄に資源を減らしているといえるだろう。」という文章を、筆者は二〇〇六年三月二四日に両漁

表1：降海性ます増殖振興事業河川一覧

石川県（1991）降海性ます類増殖振興事業報告書（昭和60年度～平成元年度）より引用

県名	60年度開始		61年度開始		62年度開始	
	そ上系	池産系	そ上系	池産系	そ上系	池産系
青森	老部川					追良瀬川
岩手	安家川	閉伊川		摂待川		
宮城		江合川				
秋田	阿仁川					
山形	最上川			赤川		
新潟	三面川	魚野川				
富山	神通川				庄川	
石川		鵜飼川				
合計	6河川	4河川		2河川	1河川	1河川

協および県に提出した『安家川におけるサクラマス増殖に関する調査報告』の中で引用したため、下安家川漁協の島川組合長が〝未熟な増殖技術とは何事か〟と怒った。

島川組合長が怒るのもわからないではないが、彼には、水産庁も大きな方針変更をせざるを得ないサクラマス増殖技術体系のもっている難しさ、ある意味では自然の摂理のようなものがわかっていないようである。本書では、池産系親魚や半年間蓄養した春遡上魚を用いた人工ふ化稚魚の放流を組み込んだ増殖技術体系に問題があることを明らかにしてきた。また、ダムなどをつくらず自然産卵を中心とするサクラマス資源の維持管理策の必要性を説いてきた。

筆者には四五年前に大槌町サケふ化場で真岩さんにお世話になって以来の岩手県のサケとのつき合いがある。全国内水面漁連との長いかかわりもあるので、島川さんとはその前年にお会いした折には話が合い、歓談していた。岩手県の内水面漁連の会長である島川さんは、全国内水面漁連の筆頭副会長でもあり、桜井新会長を高く評価していた。ブラックバスの食害において特に問題もなかったのに、なぜ岩手県が早い時期にブラックバスのリリース禁止を実施したのかがそれでわかった。筆者が〈お粗末な政治と科学〉と呼ぶ両者の安易な相関が、サクラマスでも困った事態を引き起こしていたわけである。

ともあれ、安家川のサクラマス増殖について調査するにあたり、両漁協からいろいろ資料を提供していただいた。二〇〇五年に届いた安家川漁協からの資料は次のようなものである。

（前略）

サクラ鱒の生態系

サクラ鱒は例年2月（過去の事例では1月）から8月にかけて海から遡上すると言われ、一般に春（2月〜5月）遡上は小型（45㎝前後）のものが多く、ひたすら上流を目指して遡上し、夏（6月〜8月）遡上は大型（60㎝前後）のものが多く、河口から20㎞程度まで遡上し、その後6月頃までは主に淵（深い淀み）で過ごし、7月〜8月の高水温期間は早瀬に移動し、ボズ（水泡）に身を隠し早瀬に打たれるトレーニングに励み、秋の産卵に備え体力作りをしている様です。9月上旬、上流から順次下流へと産卵を始め河口付近での産卵は10月下旬頃となる。

10月〜11月にかけて孵化が始まり、稚魚は2年後の春（3月〜4月）雪解け水等に乗ってメスのみが降海し1年〜3年後成魚となって回帰遡上する。（中略）

サクラ鱒の遡上状況

過去のサクラ鱒の遡上数は記録があるわけではありませんが多い年は数千尾、少ない年でも数百尾と、その年々で大きく異なり、大方豪雪で春（3月〜4月）の雪解け等で増水が在った年は多く遡上しそうでない年は少ない遡上と言われてきました。

それは、河口から50㎞の長い道程の途中ウライ施設を含め5カ所に大きな滝など遡上の難所がありサクラ鱒の習性である増水濁流時の移動を熟知しているからです。

平成4年のウライ施設設置以降サクラ鱒の遡上は殆ど目に付くことはなかったので秋の産卵場所を目安とし遡上数を予測しています。

河川全体（当組合管理区域内県道沿い）の産卵箇所数：平成13年13箇所、平成14年8箇所、平成15年39箇所（この年は豪雪、台風により3度の増水あり）、平成16年6箇所となっています。

海との遡上、降海を繰り返す大型のウグイ，アメマス（イワナ）は見ることは無く多分ウナギ（鮎やなに全く入らない）も減っているものと思われます。

平成15年には比較的多くのサクラ鱒が遡上したので平成16年5月、天然孵化による稚魚の調査を8箇所で実施しましたが3箇所で2㎝大の稚魚13尾を確認しました。（後略）

平成17年9月27日

安家川漁協　　大崎　公

下安家川漁協からいただいた「平成元年～サクラマス捕獲・採卵実績（安家川）」の表は、岩手県水産技術センターからの資料を加えて【図1】に示した。この図からいろいろ面白いことが読み取れる。

(1)　一九九三年にウライが設置され遡上水路捕獲が開始されるまでは、春遡上魚が平均五六尾ほど刺網で捕獲され、数量は不明だが遊漁者による釣獲も相当数あったと思われる。これはこれまでみてきた日本海側の河川と似た状況であったといえる。

(2) ウライの設置後、春遡上のサクラマスも人工採卵に供されるようになった。採卵数がそれまでの四年間は平均一二万粒だったのが、以降の一二年間で平均三三万粒に増加した。その結果採卵親魚中の標識魚の割合は五％から二六％に増加し、一見、ふ化放流事業としての効果があったと考えられるが、事実は異なる。

(3) 一九九五年および九九年は採捕親魚数が多く、それなりに採卵し稚魚放流も行っているにもかかわらず、その三年後の回帰親魚数は大きく減っている。

(4) 安家川のサクラマスはどちらかというと増加傾向にあり、特に二〇〇六年の計四五七尾という捕獲数は驚異的な数字である。そして、この中の標識魚の割合は一九・五％と平均値以下である。じつに、捕獲親魚の八割近くを標識のないサクラマス親魚が占めている。

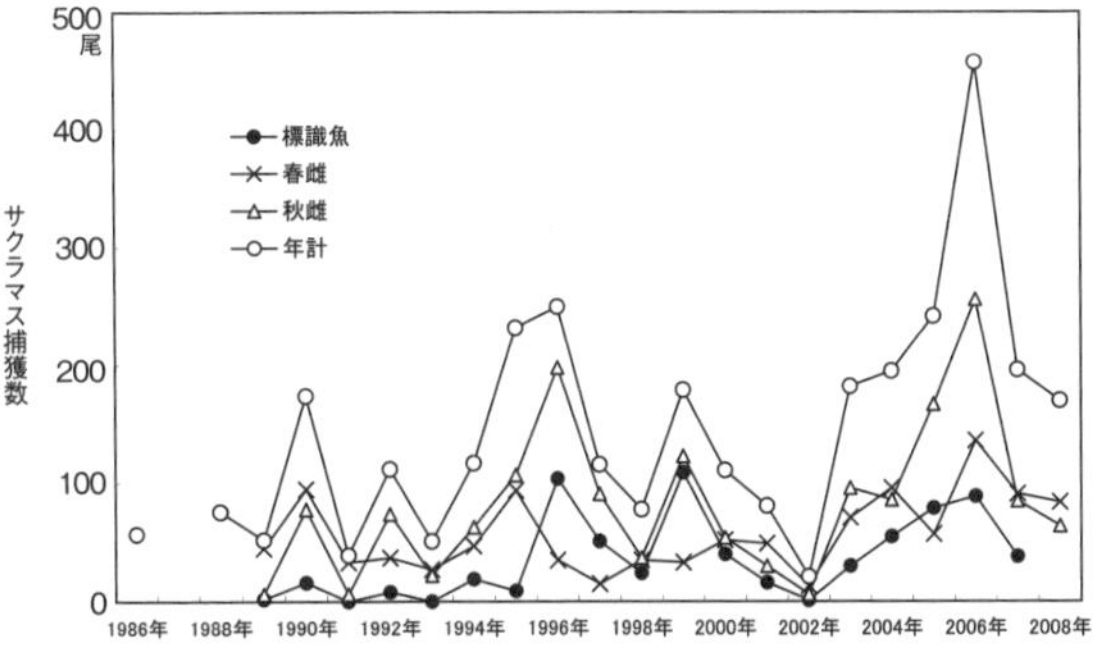

図1：安家川における遡上サクラマス親魚のウライによる捕獲状況
（下安家川漁協および岩手県水産技術センターの資料により作成）

次にこれら無標識魚の由来というか起源を検討してみる。まず前提として、増殖事業で生産され放流するサクラマス稚魚は全数標識されている事実がある。これは例年五千万円近いサクラマス稚魚買上げ放流費が県予算から安家川分として計上されていることと関係する。となると、標識のない魚の由来は次のように考えられる。

㈠ 漁協が義務放流しているヤマメの稚魚（この多くは標識していない）がスモルト化し、降海し母川回帰したもの。

㈡ これらのヤマメが自然産卵をし、その結果としての稚魚が㈠と同じように降海・回帰したもの。

㈢ サクラマスの親魚が春および秋の増水時にウライを越えて遡上し、自然産卵し、その結果としての稚魚が㈠、㈡と同じように降海・回帰したもの。

㈠と㈡が回帰親魚量の増加につながるというのであれば、全国のヤマメの増殖をしている河川でもサクラマスが増えてもいいはずだがそうはなっていない。やはり、㈢の遡上親魚の自然産卵の影響を考えざるを得ない。

そこで筆者は、山形県の一九八八年のサクラマス増殖振興事業報告書にある、「最上川砂越鉄橋下における四・五月の平均流量と河口域における遡上サクラマスの漁獲尾数に関する図」を思い出した。安家川の流量の資料はないので、安家川に北隣の源流域を接し降雨量、降雪量、融雪量等がほぼ同じと考えられる久慈川に関する県河川港湾課の流量資料を用い、**【図2】**を作成した。

久慈川では日流量旬平均値が二五立方米／秒を超えると、急激にサクラマス遡上捕獲数旬別割合が減少することが分かる。これは、最上川で四・五月の平均流量が一〇〇〇立方米／秒を超えると漁獲尾数が三五〇〇本から二〇〇〇本台に減少するのとよく対応している。
最上川については、「漁業者からの聞き取りによれば、流量は少なくても、多すぎても操業しにくく、一度増水した水が減少し始める頃には多く漁獲される」という山形県の報告書がある。

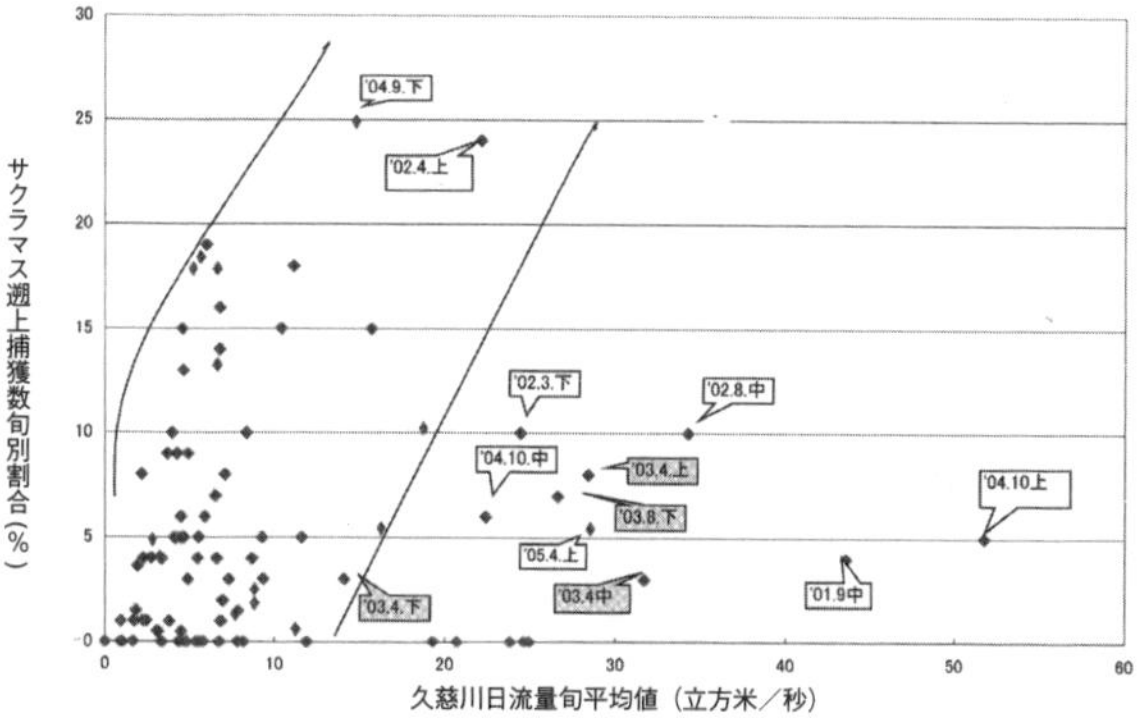

図２：久慈川日流量と安家川サクラマス遡上捕獲数
（久慈川の日流量資料は岩手県久慈地方振興局河川港湾課の提供による。測水所は生出町）

安家川でも流量がある程度を超えるとウライを乗り越えてゆくサクラマスが増加し、遡上量は増加するのに捕獲量が減少するという現象が起こっている可能性がある。

その結果として、先に紹介した安家川漁協大崎組合長の報告にあるように、豪雪、台風により三度の増水のあった平成一五年には、それまでの三〜四倍にあたる三九箇所の産卵箇所が発見されることになった。この年の親魚による自然産卵の多さが三年後の二〇〇六年、標識魚の五倍、四五七尾という回帰親魚の捕獲数になったと考えられる。

このことは、ウライも設置せず、漁業者や遊漁者の捕獲もなく、春に遡上するサクラマスが河川内で皆自然産卵を行ったら、つまりサクラマスが自然に産卵するのに任せたならば、サクラ

マスの資源はいかに増えるかをよく示している。ただし北海道のように、河川内に遡上したサクラマスが産卵期まで捕獲されないという保証がなければならない。

その点、安家川は徹底しているようである。**【図3】**に、流域一一箇所の禁漁区を示した。

ここに示した禁漁区は、③、④を除く九箇所が周年である。それぞれは狭くなく、例えば、⑥は滝までの年々沢全域が禁漁である。⑤は茂井長とろ淵から下流二〇〇メートルまで、⑦は川口沼淵の全三〇〇メートルの区域、⑧松林下立岩からはしらくぼ淵までの三〇〇メートル、⑨松ケ沢保呂草滝から下流二〇〇メートル、⑩大平洞木滝から三〇〇メートルの区域というように、サクラマスが夏を越す淵や滝つぼとその前後が、ほとんど禁漁区としてカバーされている。

これらの禁漁区の近くにはほぼ人家の集落があり、潜ってモリで突く密漁行為への対応と考えられる。当然遊漁者の釣りは目立ちすぎてできない。安家川へ春に遡上したサクラマスは、最上流の魚止めである大坂本の砂防ダムまで七月始めまでに到達するようである。

北海道斜里川は一九九三年、サクラマスの親魚遡上期にウライを外して親魚を自然遡上させることで、親魚捕獲数をそれまでの一〇〇〇本前後から三〇〇〇本前後に増加させた。二〇〇三年から六年にかけて、安家川では自然の増水によりウライが無効になったことで、斜里川と同じ効果を実現したことになる。

安家川のウライと誘導水路は、青森県老部川にある人工河川を参考にしている。この人工河川は山

図3：下安家・安家川漁業協同組合共同漁業権漁場図

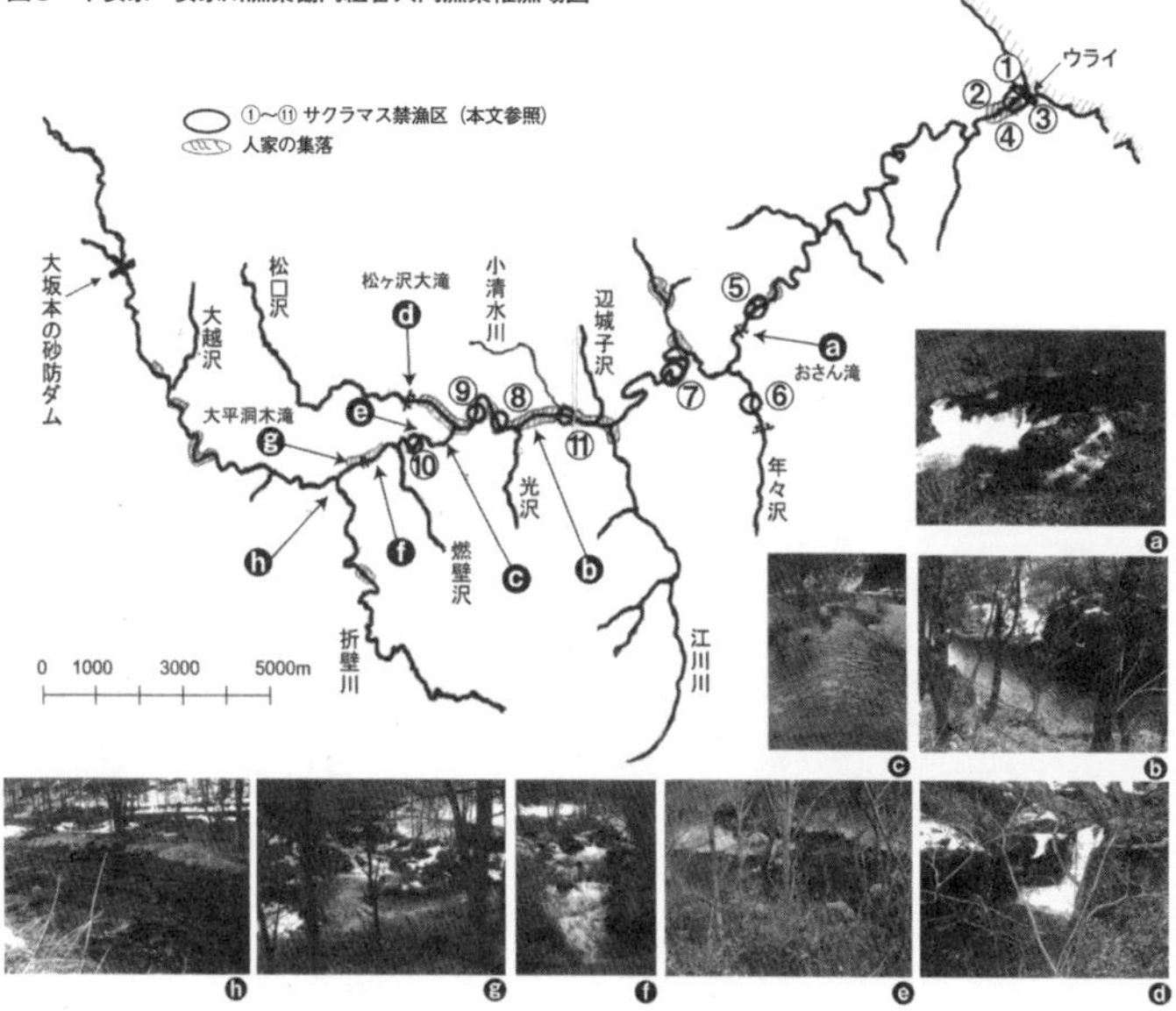

林伐採により水量が減り、親魚の隠れ場所が限定されるようになった小河川で、遡上親魚を密漁者の手から守るためにつくられたようである。

なお【表1】に記載された河川で、現在サクラマスの親魚遡上量が増加しているのは、老部川と安家川だけだ。他の河川のサクラマスはすべて減少しているか、消滅している。

次項ではその老部川について考えてみる。

※追記：皮肉なことに斜里川のウライが外された一九九三年に、安家川では老部川を参考にしてウライと誘導水路が設置された。そしてその見本とされた老部川の人工河川は一〇年ほど前から春遡上用のヤナ付きとしては使用されておらず、安家川のウライだけががんばっている。

（二〇一〇年四月）

原発、温廃水、サクラマスの〈ブラックボックス〉

東通原発が運転開始した二〇〇五年、原発沿岸のサクラマス漁獲量は激減し、原発に河口部を隣接した老部川への遡上サクラマスは激増した。その理由を検討してみると…。

サクラマスを釣りで楽しむことのできない川だが、ここ数年遡上親魚捕獲数が年を追うごとに増加している川として、本州太平洋岸の青森県老部川と岩手県安家川がある。

安家川については河川流量の激増により自然産卵量の増加が見られその結果二〇〇六年に遡上親魚量が五〇〇本近くになろうとしたことを前項で報告した。もう一方の老部川については、29ページで〝老部川では昨年秋の東通原発の運転開始と共にとんでもないことも起こっていた。〟と述べた。本項ではそのとんでも話の顛末を見てみる。

まず、とんでもないことの内容を【図】に示した。二〇〇五年八月と九月の老部川親魚捕獲量の合計は一〇五四本と前年の二倍そして、それまで一七年間の平均三二八本の三倍以上となった。これは異常といえる。なぜこんなことが起こったか。その時この老部川の流れている青森県下北郡東通村大字白糠という部落が、一九七四年以来何度か原発建設に反対する漁民との交流に伺っていた地域だということがすぐ頭に浮かんだ。そして本欄で老部川にふれたのは三年前のちょうど今の時期、すなわち二〇〇六年初夏号であり、その前年二〇〇五年一二月八日の朝日新聞全国版に東通原発運転開始という見出しが大きく出た。

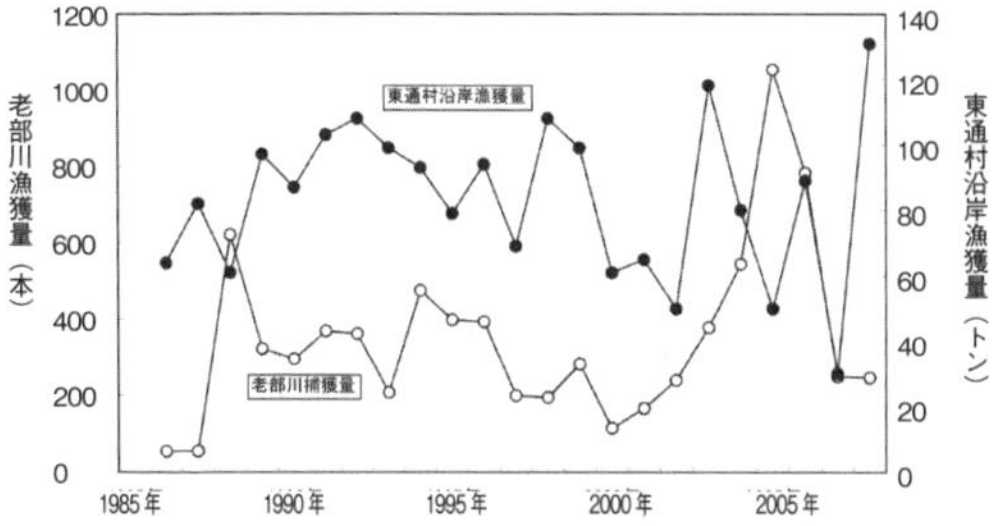

図：老部川とその沿岸域でのサクラマス漁獲量の年変動

そのことがあったので二〇〇五年八月と九月の老部川親魚捕獲量と東通原発運転の経過との関係を詳しく見てみると、老部川の日別捕獲量は八月二一日五〇八尾、二二日四尾、二三日八尾、二四日二尾、それ以降八月三一日までゼロである。この期間、東通原発は七月二三日より八月二五日まで運転されていた。

これはどういうことかというと、原発が運転されるとそこから大量に排出される温廃水（この場合七度上昇した冷却に用いた海水が毎秒八〇トン、川のように排出される）が、原発の前面の海にバリアとして拡がる。老部川は東北電力の東通原発の敷地の南に接して太平洋に流れ込んでいるので、南から沿岸を北上してきたサクラマスがそのバリアに足止めを食い溜まって多数遡上するようになったのではないかという温廃水プラス説である。

いっぽう、サケについては温廃水を避けるという温廃水マイナス説もある。サクラマスについても温廃水を避けるという点では同じでも老部川にはプラスということである。ただこのプラス説には温廃水を避けたサクラマスがほとんど老部川に遡上するという考え方に誤りがある。それはサクラマスの母川回帰の特性を無視しているからである。とはいえここは非常に微妙なところである。

ただしサケのマイナス説が東通村でややこしい扱いを受けたために、そのことがあって誤ったプラス説をつい考えついてしまった。ややこしい扱いについてのいきさつはこうだ。

①一九七九年二月七日の朝日新聞は「福島第一原発の温排水、サケへの影響調査、海洋生物環境研、超音波使いそ上状況みる」という見出しでサケが避けるかどうかの調査が始まったことを報じている。

②一九八二年二月二五日のデーリー東北は、「東通村で原子力講演会、温排水に不安の漁民、村当局の思惑裏目、補償交渉は難航も」という見出しで、丹羽正一東海大教授の講演後の質疑応答で、出席者から「老部川にサケの稚魚を大量に放流しているが、温排水によって大きな波が発生して回帰率が悪くなるのでは」「温排水には放射能は含まれているのか」などの質問が出され、これに対し、丹羽教授は「心配はいらない」に終始。と報じている。

③一九八二年四月の日本水産学会で、①の調査結果について海洋生物環境研究所のスタッフが報告したのに対して、丹羽氏がサケにとって温排水は問題ないと話しているが事実はどうかと筆者が質問した。

④その後の五月一日の毎日新聞は、〝未公開報告書、取り違え引用、原発推進に利用、丹羽教授青森で講演、サケの温排水影響研究所の抗議に陳謝〟という見出しでこの間のいきさつを詳しく報じている。

この中でわかったことは、海生研が、〝温排水がサケの川への回帰を阻むとはみていない（福島第一原発の稼動後、周辺の川へのサケの回帰率は徐々に増えている）が、事実は事実として報告書の中でも次のように書いている。〈発電所前面海域におけるバイオテレメトリー（生物挙動遠隔自動送信）試験では、二五例中一七例が温排水拡散域内で行動したものと判断されたが、これらはいずれも移動経路を水平的に見た場合であって、垂直的には表層部分に限られた昇温層まで浮上した例が少なかった。昇温層内に入ったものでも、その回数は少なく短時間であった。このことはサケの親魚が一℃ぐらいの昇温域を感知し得るのもしれないという推測を支持するものであった。〉〟と言っていることである。

要は、サケは温廃水を避けるということで、そのことが東通村で過去に問題になっていたのでサクラマスでは老部川にとって温廃水プラス説をついあてはめてしまったのである。しかし、サケとサクラマスとでは母川回帰の程度が異なるということを無視しての誤ったあてはめであった。

サケはサクラマスのように、ほとんど一〇〇パーセント生まれた川（母川）にもどるという性質が強くなく、七、八割で両隣や近くの他の川にもどるものもある。ということは、サクラマスの場合は、バリアがあろうとなかろうと必ず母川にもどり産卵期にはいろいろなものの影響を受けず、生まれた川を遡るということである。もし影響を受けるとすれば二月から五月沿岸域を南北に移動している時期であろう。二〇〇四年から八年までの五年間に青森県太平洋岸で定置網等で漁獲されたサクラマス合計六八八トンのうち九三パーセントがこの時期に漁獲されている。

その変動をよく示しているのが【図】の東通村沿岸漁獲量である。二〇〇五年にそれまでになく激減し以降変動が激しい。いっぽう七月から一〇月の沿岸漁獲量は年間の一・四パーセントと少なく母川に遡上する直前のサクラマスといえる。

ここであらためて【図】において二〇〇五年に起こったことを考えてみる。

まずなぜこの年原発もまだ運転していないのに激減したか、東通村と六ヶ所村そして三沢市の七ケ統の定置網と青森県の水産試験場にこの点について問い合わせてみたところ、ほとんどが分からないという回答だったが、尻労の吉田漁業だけが、〝津軽暖流が強く太平洋を東に張り出すとサクラマスが宮城や岩手にまわるから青森に北上するのが少なくなるのではないかと考えている〟と納得できる答えがあった。

この点について北海道水試の西田さんたちが、〝青森県深浦と函館の潮位差が大きいと津軽暖流の流量が多くなる〟という調査結果を報告しているので検討してみたところ、この六年間ではあまり明確な東通村のサクラマス漁獲量との関係は見られなかった。このように、東通村へのサクラマス来遊量の変動、特に二〇〇五年激減したことについてその原因はわからなかった。

それでは、二〇〇五年なぜ老部川での親魚捕獲量が激増したのか。これについては、青森県青森県内水面水試や老部川内水面漁協におうかがいしても、これといった理由が思い当たらないようだった。

この激増の年に青森県内水面水試にいて、現在は県庁にいる白取さんと話していたら出てきた言葉〝春沿岸に来てから夏川に遡上するまでのサクラマスの挙動というか生態はブラックボックスだ〟というのが今回の検討での結論というか、一番納得のゆく言葉であった。

秋の上流域での産卵までその川にいられるかどうかは川の流量次第である。大きな川では春に接岸してきてすぐに川を遡るが、小さな川では水量が少ないので見合わせ、沿岸域のどこかで過ごし、秋が近づくと止むに止まれず川に遡らざるを得ないということらしい。安家川で春遡上と秋遡上の両方があるというのはどういうことだろう。ここいらのことをブラックボックスがらみでさらに検討してみたい。

春に川を遡るサクラマスは餌をとるか。諸説あるが、これについては、遡上中のサクラマスの消化管内容物を多数調査した研究報告を参考にするのが一番である。

佐野誠三（一九四七：桜鱒絶食期間中に於ける変化。鮭鱒彙報第四四号九～十四）は、「晩春五月に遡上した桜鱒は河川内において尚活発に摂餌し産卵に至るまでの長期絶食に対する栄養の補給を続けるが、六月中旬頃、生殖巣の発達と共に絶食を開始し」と、信砂川で六～九月に採集した五九尾について生殖巣についてのみ調べている。

田子泰彦（二〇〇〇：日本水産学会誌六六（一）四四～四九）は、四～六月に神通川で投網漁または流し網漁で漁獲された一三一尾の八〇パーセントが空胃で、残りには少量のヒゲナガカワトビケラ、アユ、ヨシノボリ、消化の進んだ魚骨が胃内容物として認められたと報告している。

これらの調査結果から何を言うかは、読む人、釣る人、考える人それぞれの自由である。

Kato（1991）は佐野（一九四七）を引用して、「サクラマスは川では〝occasionally〟に摂餌することが知られている」とさらっと書いている。〝occasionally〟とは〝時折、ここかしこで〟という意味で、言い得て妙である。

筆者は一九七四年の著書『釣りと魚の科学』のなかで、「釣りの本質は餌生物と捕食者の出合いの妙にある」と考え、出合いの状況をＴＰＯ（時 Time, 場所 Place, 状況 Occation）で理詰めに考えようとしたが、そこでは〝occasionally〟というような捕食者と被食者の occasion（状況というよりは情況、または生理的、心理的状態）にまでは、考えが及んでいなかった。草食系男子のする釣りはどうなのかと、今だったら考えてしまう。

釣り人は〝時と場合によって、情況によって〟、その場の空気を読まなくてはならないが、釣られる魚にそれをやられたら、釣りは難しくなるのか、あるいは面白くなるのか。

サクラマスは遡上直前まで海でたくさん餌を食べつづけているので、四、五月の川では脂がのっていて極上の味だという考えがある。胃内容物調査もそうだが、現在そのことを確かめられるのは、サクラマスを手にした少数の釣り人だけである。この極上のサクラマスを、イワナとヤマメの国際学会に参加する研究者に食べさせたいとかつて川那部浩哉さんは言っていたが、一九八八年の札幌でのその会議は一〇月開催になったのでどうなったろうか。

琵琶湖博物館館長の川那部さんは、長野でのシンポジウム（コラム⑤）には水口をおとりアユにしたから参加しなかったと言われたくらい、筆者とは天敵的関係にある。川那部さんはその著書『魚々食紀』の〝最も旨いマス・サケ類は〟という章で「そして…「我田引水」との声を覚悟して言えば、サクラマス群の中ではビワマスが、味は最高ではなかろうか。」と洩らしている。

一九四二年発行の『鮭鱒聚苑』には、「マスは、此頃東京では年中見られるけれども、以前には二月から五月頃迄が最も高価である。塩焼、味噌漬、フライなどとする。殊に洋食には最も適当したものであるが、四国や九州の人が上京して、初めて此の鱒を食べると、胸悪く感じて、消化しないで、吐き出す人が往々ある。これは食ひ慣れないためであるから、二、三回辛抱して食べるとその本然の美味を感得して、非常に懐かしくなるものである云々。」と書かれている。オラが郷土の食い慣れたものが一番だということになる。

七五〇ページよりなる大著『鮭鱒聚苑』の著者、松下高と高山謙治は、共に缶詰の製造会社社長と販売店主である。昨今は、彼らが熱く語っているサケの身ではなく、骨の缶詰が人気商品となっている。そんな風潮を彼らはどう思うだろうか。

岩手県・気仙川

サクラマスが群れる川のダム計画

気仙川支流大股川では今なお一〇〇本以上のサクラマスが産卵している。
岩手県がこのまま津付ダム建設を強行すれば
その建設工事だけで気仙川のサクラマスは壊滅してしまう。

近年日本海側では軒並み、秋田から富山までサクラマスの沿岸漁獲量も河川採捕量も減少している。いっぽう太平洋側の青森県と岩手県では、定置網による沿岸漁獲量も、老部川、安家川の河川採捕量もこのところ順調に増加している。

本項ではその岩手県について、サクラマスの過去と現在そして未来を整理して考えてみる。

この一二〇年でサクラマスが消えた川、残っている川

参考資料として【表1】をまとめてみた。

岩手県内を流れる大河である北上川と、そこに流入する支流（サクラマスのいた一一支流のうち現在も姿が見られる和賀川と雫石川）、そして三陸海岸で直接海に注ぐ八河川（気仙川、片岸川、甲子川、鵜住居川、

表1：岩手県の河川におけるサクラマスの過去と現在

	一	二	三	四	五	六	七	八（各河川の現状、内水面及び海面漁協からの聞き取りによる）
気仙川	1457	741	39	1	114	0.2	◎	ウグイ刺網（15人許可）により多い年で100本近く混獲。
片岸川	15	21	8	6	94			漁協刺網禁止、秋にサケと混獲。
甲子川		963				0.4	?	自然消滅か？サクラマスいない。
鵜住居川		56	52	2	87	0.2	?	消えた。上流には遡ってこない。見ない。
閉伊川		662	253	15	166	10.2	◎	遊漁者と組合員で年間600本近く 図1. 参照
小本川		573	151	7	275	6.6	◎	上流は水少なくてだめだが、自然産卵かなりある。刺網等で300～400本
安家川			72	20	599	0.4	◎	刺網禁止、釣りは禁漁区多し、増水時以外は全量ウライ採捕。
久慈川	93	216	3	7	197		?	カレイ網等で十数本混獲。
北上川		4535						
和賀川		1434				1.0	?	
雫石川		246				0.2	?	年間30本位獲れているか。

一～七の内容は本文参照。一～三は本数、四は年数、五は年間平均放流尾数（単位千尾）。

閉伊川、小本川、安家川、久慈川）について整理した。

まず、一八九四年発行の『水産事項特別調査』から、各河川における川口及沿岸での漁獲数を欄一に、其他上流の鱒の漁獲本数を欄二に示した（一八八七～九一年の五年間の平均数）。

一二〇年前の北上川本流では四五〇〇本以上のサクラマスが獲れていたことが分かる。盛岡市を流れる北上川では現在も産卵後のシロザケの死体が問題になっていることを考えれば、何も驚くことはない。

和賀川と雫石川にもサクラマスは多かった。現在もこの二支流のみにサクラマスの姿が見られるというのは、他の九本の支流の漁獲本数合計が当時でも六〇五本と少ないことから何となくうなずける。

では三陸海岸に注ぐ八河川はどうだろうか。欄二に八河川で最多の九六三本を誇る甲子川《かっしがわ》の名前が見える。これは釜石市を流れる大渡川、あるいは万川と呼ばれた川である。なぜ万川と呼ばれたか。かつて一〇万本を超えるサケが遡ったからと言われている。実際に、『水産事項特別調査』にはサケが一五万本獲れたと記されている。

日鉄釜石というラグビーの強豪チームをご存じだろうか。日本製鉄という日本で最初の製鉄会社（後に冨士製鉄、新日本製鉄）に属するチームである。前身の釜石製鉄所は一八九四年（明治二七年）に全国鉄鋼生産の六五パーセントを占めていた。この大きな製鉄工場から出される温廃水や汚濁水でサケなどが獲れなくなり、地域住民による訴訟も行われている。そんなこともあってか、このサケ漁獲本数の推移の数字が岩手県の資料から消されてしまったようだ。

筆者は約三〇年前、陸前高田市における埋立てと火力発電所建設をともなう広田湾開発問題と関連して、広田湾の水産振興調査を市から依頼された。気仙川のサケの検討のために漁獲の数字が必要で県の議会図書室などを訪ねたが、資料をさがすのに苦労した。その時に『水産事項特別調査』の存在を知っていればそんな苦労をしなくてもよかったかもしれない。

一二〇年前の気仙川（当時は今泉川と呼んだ）では、広田湾から川口そして川にかけて一万五千本のサケが獲れていた。そして甲子川ではその一〇倍、一五万本のサケが製鉄所の温廃水により獲れなくなってしまった。一二〇年前はサクラマスも同様に、広田湾と気仙川で二二〇〇本近く獲れていたのである。沿岸八河川の中で漁獲本数三位が、今も釣り人にサクラマスの川として知られている閉伊川である。次いで小本川、久慈川と続くが、なんと安家川は『水産事項特別調査』に名前すら載ってない。サケでも同様に載っていない。現在は岩手県のサクラマス関係者の期待の星である安家川がどうしたことであろう。

自然条件からいって、一二〇年前に安家川へサクラマスやサケが全く遡上していなかったとは考えられない。記載されていない理由としては、⑴たくさん遡上していたが、獲る人がいなかった。⑵細々と獲られてはいたがそれがお上まで伝わらなかった。⑶たくさん獲っていたが、それをお上に報告しなかった。が考えられる。筆者は⑶の〝隠れ里の隠し田〟的な見方に親しみを持つ。

なお一九四〇年（昭和一五年）の『河川漁業調査第七輯《しゅう》』には安家川漁協が載っており、小本川漁協と共に、鱒としてはニジ（ニジマスの意か?）やカワ（カワマスの意か?）を獲っている。鱒そのものは県内では雫石川漁友会という組合の一〇、〇〇〇という数字だけである。

岩手県水産技術センターの資料によれば、一九九二年（平成四年）の調査でのサクラマス親魚捕獲数は、閉伊川の二五三から甲子川のゼロまで合計五七八本（**欄三**に表示）。一〇〇年間で六分の一に減っている。現在、さけ・ます資源管理センターのサーモンデータベースに公式に報告されているのは35ページで紹介した安家川の数字だけである。

一九九二年になぜこのような調査が行われたかというと、その九年前から始められた県のさくらます幼魚放流事業がこの年最大となり、県内八河川で合計二五〇万尾の幼魚が放流されているからである。このさくらます幼魚放流事業について、**【表1】**には平成一五年度までの実施年数（**欄四**）と、その間の平均年放流数（単位千尾、**欄五**）を示した。

要は、サクラマスの親が獲れれば放流数はそれなりに確保できるが、手間と費用がかかるため長続きしない。小本川、閉伊川と止めてゆき、最後に安家川だけが残ったということだ。

サクラマスの増殖事業は海での漁獲のために行われている

岩手県におけるこのようなサクラマスの現状を、釣り人はどう見ているのだろうか。

ネット上で面白い釣行記を見つけた。釜石市に本部を置く『桜塾 甲子川 弐尺倶楽部』の塾生が二〇〇四年の二月より二〇〇九年の七月八日までのサクラマスの釣りを試みた河川を整理し、年平均釣行回数で示すと欄六のようになる。

サクラマス釣り場としてよく知られている閉伊川、小本川の他にも、サクラマスの姿を見たという川には一回は行っている。県外では秋田県の子吉川一一・二回、米代川五・八回と全国的有名河川の他に、山形県一・六回、他の秋田県の河川一・四回と近場の川にも釣行している。

鉄冷えによって製鉄所が縮小し、その結果川にサケが戻って来た釜石の釣り人が甲子川にサクラマスの魚影を見つけて奮闘する釣行記を、複雑な気持ちで読んだ。なお、一〇〇個体以上の自然産卵魚が観察されたと思われる河川には、欄七で◎をつけた。最後の欄八で、各内水面漁協および海面漁協に電話による聞き取り調査を行った結果を現況として示した。

釣り人に人気のある閉伊川では漁協が組合員、一般遊漁者、および釣具店からサクラマス捕獲数の聞き取り調査をしている。問い合わせたところ二〇〇八年までの結果を重量で教えてくれた。一尾二・五キロとして本数になおし【図1】に示した。その他岩手県内でわかっている親魚採捕数を一緒に検討している。

沿岸での漁獲量五〇トンというのはサクラマスが約二万本ということである。海での漁獲のためにサクラマスの増殖事業が行われているとはいえ、川での捕獲数が二〇〇本を超えて安家川で喜んでいるのは可愛いというか、せつないとしか言いようがない。

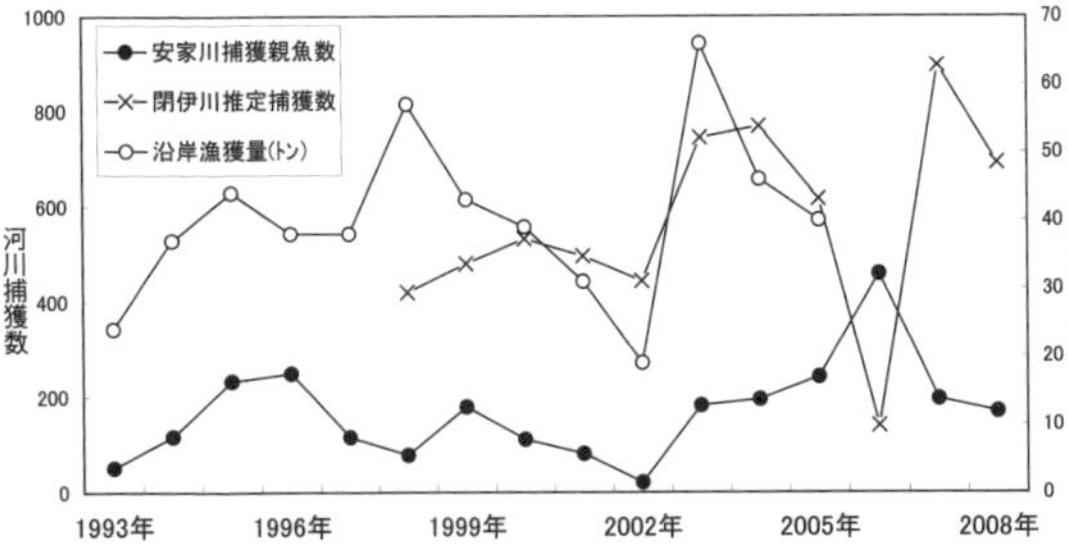

図1：岩手県のサクラマス捕獲親魚量

それよりも閉伊川でこの一〇年間、毎年平均五六六本ものサクラマス親魚が獲られていることに驚いた。この数字がこれまで見て来た阿仁川、赤川、神通川などの数字に比べて、多いか少ないかということではない。川ごとの〝サクラマスの多さ〟は、①川とそこのサクラマス資源の大きさ。②漁協組合員の執着度と管理・利用の考え方。③増殖への取り組み方。④遊漁者による釣りやすさと過熱度。⑤総合的な結果としての注目度。などによって決定される。

それぞれについてみなさんで考えて、検討してみると面白い。

サクラマスの棲む川に強行されるダム計画

岩手県の一番南に位置する気仙川の支流、大股川には津付ダムという

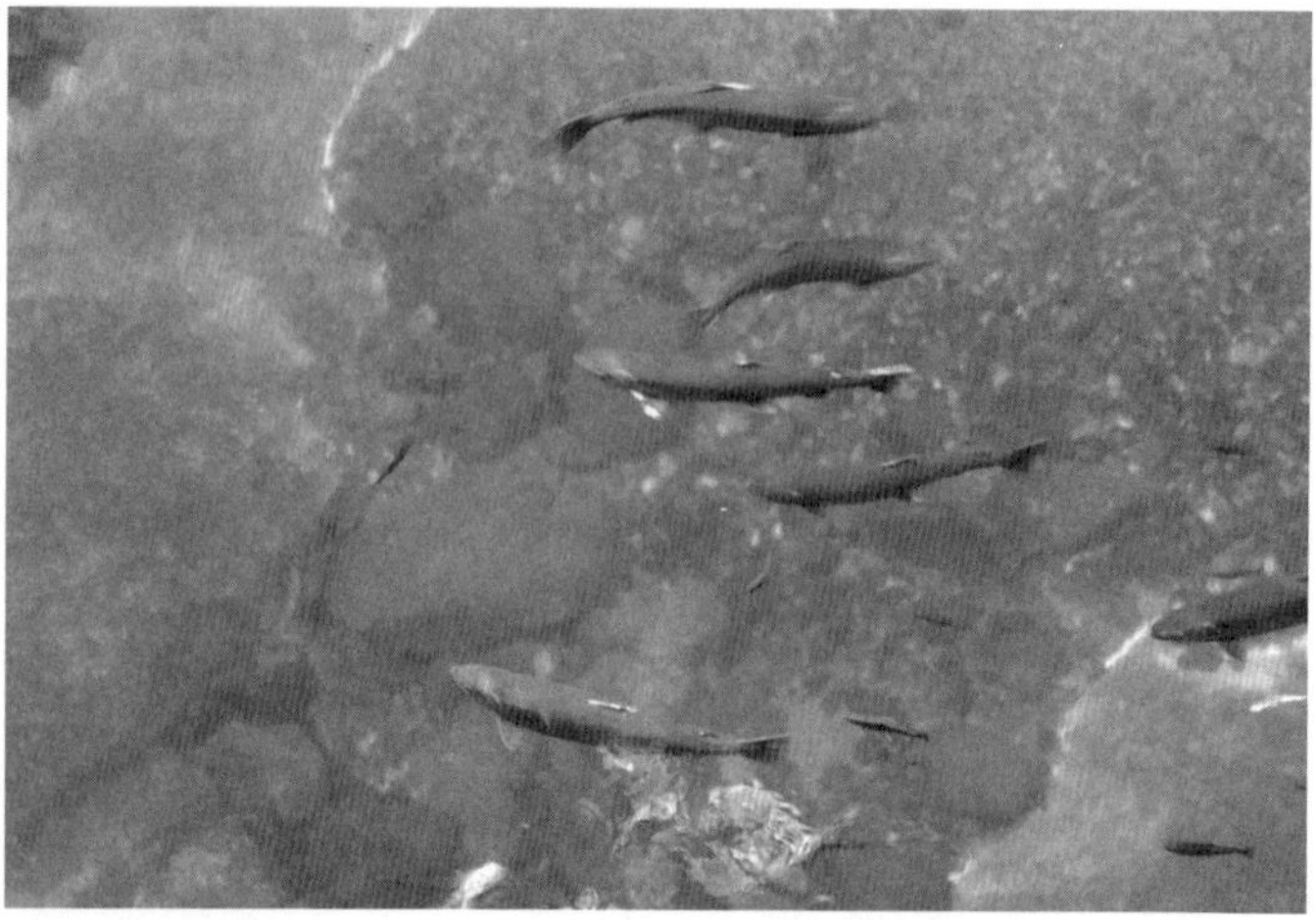

気仙川眼鏡橋付近を遡上するサクラマスの群れ（写真：「めぐみ豊かな気仙川と広田湾を守る地域住民の会」山下裕一）

穴あきダムの建設計画が約三〇年前よりある。

地元の「めぐみ豊かな気仙川と広田湾を守る地域住民の会」はこの問題に取り組み、二〇〇六年一〇月二三日付で、ダム建設を計画している岩手県に対して、「気仙川と大股川のサクラマス産卵床共同調査のお願い」という要請を行っている。その補足説明の中で次のような筆者の発言が引用されている。（同会のＨＰに掲載されている）

㈠ 気仙川にそ上するサクラマス親魚数と、それらによる自然産卵量は安家川より大きいものと思われる。

㈡ 岩手県サクラマス沿岸漁獲量が安定的であり、むしろ増加傾向も見られることについて、この中で寄与率の大きい大船渡市場の水揚げ量は、盛川と気仙川のそ上サクラマスによる産卵の果たす役割が大きいと思う。

㈢ 気仙川のサクラマスそ上親魚は、①釣り人による捕獲数約一〇〇本、②内水面組合員による投網等による捕

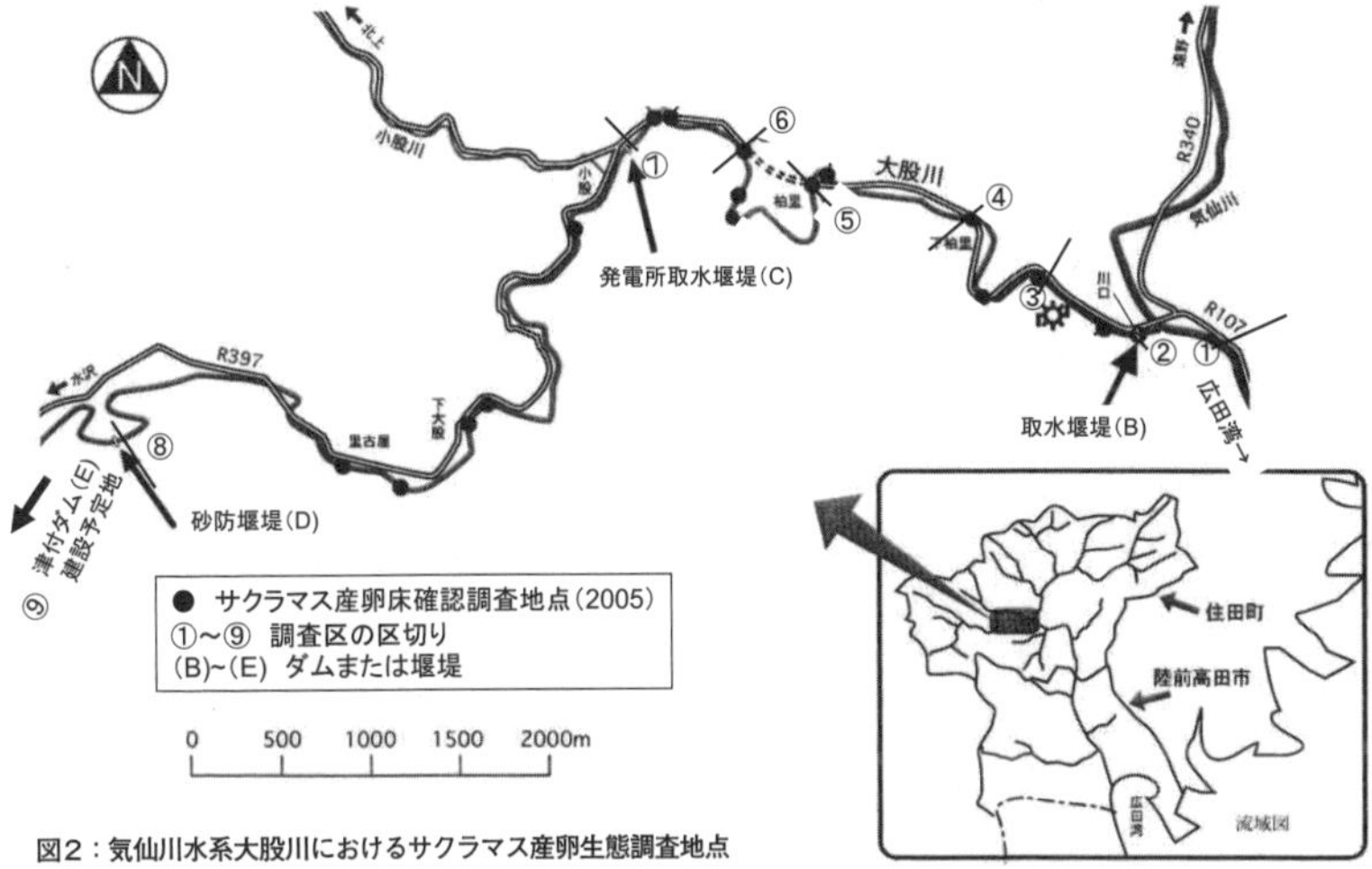

図2：気仙川水系大股川におけるサクラマス産卵生態調査地点

獲数約一〇〇本、③秋にそ上し、九月中旬以降サケヤナで採捕されたもの約三〇～四〇本。これらを逃れたものの産卵跡が皆さん（※当会の意）の調査結果だと思います。ただし大股川分のみ。岩手県内の河川におけるサクラマスの産卵調査はこれまできちんと行われていない。大変貴重なものである。

　同会の調査の一部を今回、【図2】と【表2】および写真で紹介した。

　このようなお願いをしたにもかかわらず岩手県は無視した。けれども、二〇〇六年より北里大学水産学部水圏生態学研究室の朝日田卓准教授らが潜水調査などを開始した。今回その未公開資料の一部を【表2】などに使わせていただいた。

【表2】から明らかなように大股川では一〇〇本以上のサクラマスが産卵していることになる。その上流に津付ダムという穴あきダムを建設すれば、その建設工

表2：大股川におけるサクラマス産卵調査

調査区の区切り	2005年度調査	2006年度調査	2007年度調査
①気仙川と大股川合流点より300m下流の袖橋 〜 ②合流点約100m上流の頭首工（取水堰堤（B））直下	—	5	14
〜 ③発電所上流150m付近	53(4)	9	30
〜 ④柏里2号橋上流	14(2)	2	19
〜 ⑤柏里トンネル大橋渡口橋から上流約50m	12	10	21
〜 ⑥柏里トンネル北上側口	3	5	3
〜 ⑦小股川合流点200m渦流の発電所取水堰堤（C）	10(3)	13	15
〜 ⑧砂防堰堤（D）	—	—	8
⑨津付ダム（E）建設予定地			
調査日数	1	?	5
合計	92(9)	44	110

注1）2005年調査は「恵み豊かな気仙川と広田湾を守る地域住民の会」による10月16日の産卵箇所数及び発見親魚数（カッコ内）
注2）2007年及び2008年調査は北里大学朝日田卓氏による潜水調査等による生存及び死亡産卵親魚数

事だけで気仙川のサクラマスは壊滅してしまう。広田湾のカキ養殖業者は広田湾という養殖漁場を共用する宮城県唐桑の漁民と共にダム工事の影響を心配している。このダム建設計画は中止となり、気仙川のサクラマス資源は維持されると思う。

なお、「めぐみ豊かな気仙川と広田湾を守る地域住民の会」では気仙川本川でも二〇〇二年からサクラマス産卵床や親魚の調査を行い、合計三七カ所の産卵床と二八尾の親魚を確認している。122ページの写真と本書のカバー写真は二〇〇七年一〇月に葉山の眼鏡橋で撮影されたものである。ここは観光名所であるが、残念なことに橋から川をのぞいてサクラマスの姿を見る人はあまりいないということだ。

これだけのものを見れば、人は何かを感じるのではないだろうか。始めから知らないから、騒がれないから、川にいるサクラマスを見ようともしないのだろう。二〇〇九年七月の皆既日食騒ぎでも見たら世界観が変わるという人もいてびっくりしたが、結局雨や雲で見られない人が多かった。24ページで『新リア王』において高村薫はサクラマスに何を見たかを考えたが、その点については前項の老部川のブラックボックスの解明とともに考えてみたい。それよりも、川にサクラマスがいることを人々はどう見ているのかを今回岩手の川で考えさせられた。

㈠ サクラマスが本当にいない、そして過去にも全くいたことの無い川。そのような川は殆ど存在しないので、検討してもしようがない。

㈡ 現在サクラマスがいることはいるのだが見えない。めったに見ることができない川。

㈢ サクラマスがいようがいまいが関係なく見ようとしない人もいる。多くの無関心だったり知らない人々。

㈣ サクラマスがいて見えるのだが、見ようとしなかったり見えないことにする人々。岩手県のダムをつくりたい人々は見たくない。

釣り人は川がもっているサクラマスのいる雰囲気、サクラマスのいた記憶、幻としてのサクラマスが見えてしまう。river runs through it というときの it とは、そんなものかもしれない。

そしてフライフィッシングの魅力も。

日本でシロザケの人工ふ化に成功したのは約一二〇年前のことだ。しかし、人工ふ化で得られた稚魚を、川そして海にどうしても放流しなければ、シロザケを増やせないかというとそうではない。実際、アメリカ、カナダ、ロシアで、サケ・マス類の資源確保を人工ふ化放流に頼っているのはほんの一部である。乱獲をせず、河川環境を繁殖のために保全できれば、自然産卵で資源を維持できる。人工ふ化放流に一〇〇パーセント依存しているのは日本だけである。

人工ふ化で得た稚魚を、集約的に飼育するのが養殖である。そして陸上であれ水中（海中）であれ、代々〝箱飼い〟するのが完全養殖である。日本では最盛期の一九八二年には全国で一八二〇〇トン生産されたニジマス養殖、一九九一年に二七〇〇〇トン生産されたギンザケ養殖、そしてノルウェーのタイセイヨウザケの養殖が、サケマス類養殖の代表例である。

ノルウェーでは二〇〇〇年に、五〇万トンのタイセイヨウザケ（アトランティックサーモン、アトラン、ASとも呼ばれる）が生産された。これは一種類の利用量としてはサケ・マス類で世界で最も多い。完全養殖の典型的見本である。タイセイヨウザケは日本にも輸入され、スーパーなどでよく目にする魚である。ノルウェーでは、淡水ニジマス養殖時代に完成していた種苗生産、給餌生理、魚病対策、品種選択などの統合的技術体系と、国をあげての経営管理対策を施した。その結果、一九八〇年の四〇〇〇トンを皮切りに、二〇年で生産量を一〇〇倍以上にしたのは見事というしかない。

しかし、サケジラミや細菌病の感染拡大など、養殖につきものの問題もある。なかでも荒天などによる養殖金網イケスの破損が原因で、サケが海に逃げ出すことが深刻な問題になっている。

ノルウェーでは天然のサケの漁業と遊漁による川での漁獲量が、一五〇年ほど昔から一〇〇〇トンと一五〇〇トンの間をゆるやかに変化しながら維持されている。これは自然産卵のサケを利用しながら維持できるという見本である。それゆえノルウェーでは人工ふ化したサケは決して海に放さず、代々箱飼いしていたわけだが、それが逃げ出し、遡上の季節にはどっと川に遡りだし、天然魚と交雑し、天然魚消滅という危機的状態になった。なにしろ逃亡率一パーセントでも五〇〇〇トンであるから。

じつは養殖魚の逃亡という問題は、チリや日本のギンザケ養殖でも起こっている。しかし共に天然魚がいないから逃げても単なる外来魚でしかなく、獲ったらもうけものということになる。

ウナギ、ハマチ（ブリ）、クロマグロなどでは、人工ふ化の技術はあるが大量生産するには時間とお金がかかるため、天然の稚魚や未成魚（シラスウナギ、モジャコ、ヨコワ）を採捕して養殖している。人工ふ化で生産した稚魚を海に放流して大きくなったものを漁業で回収しているのは、クルマエビ、マダイ、ヒラメなどといろいろあり、これは栽培漁業と呼ばれている。シロザケも栽培漁業の成功例とされているが、川で産卵する前に採捕されてしまう。これを一代採捕という。クルマエビやマダイなどと異なり、シロザケの場合は母川回帰の性質を利用して回収した親魚の一部から採卵し、放流する種苗を生産する。

これは収穫した米や大豆の一部を種として保存し、翌年種苗として植えつけるのと同じことである。だからつくる漁業とか栽培漁業、〈漁業の農業化〉と言われる。ノルウェーのサケの場合は、さらに工業化だとも言える。また、動物を自然に放して粗放的に飼育することから、海洋牧場とか家魚化といったりもする。マリンランチングというのはそれの悪のりである（コラム⑫）

近年は生物多様性が重視されてきている。リオの環境サミットで生物多様性が取り上げられた一九九二年、Meffe（1992）がサケ・マスの人工ふ化放流を厳しく批判している。（巻末参考文献のタイトル参照）

まつろわぬ魚たち

したたかに生き延びよ、サクラマス

国の管理を逃れ、産まれた川でしたたかに生きのびる親魚たちによって日本のサクラマスは命脈を保っている。川を川として活かすときサクラマスは再生する。

これまで本州のサクラマスが獲れる主要河川についてその動向を見てきたが、ここでそれらを整理してサクラマスの過去、現在、未来に思いをめぐらしてみる。サクラマス（ヤマメ）の生活史と人とのかかわりは【図】のようになる。

本書では母川回帰したサクラマスがそれぞれの川を遡上する際に、春に河口域や下流部で刺網等の漁業で獲られるか、遊漁者に釣獲されるか、それとも中・上流域で夏を過ごし秋に人工ふ化採捕に供されるかについて、具体的な数量を把握しての検討を試みてきた。その結果見えてきたことは、サクラマスが棲むといわれる川はどこでも、これらの採捕を逃れて自然産卵に至る魚がかなりあるということである。

税金のムダ遣いと指摘された山形県のサクラマス増殖事業にしても、それ自体はたしかに問題はあるが、にもかかわらずサクラマスを「県の魚」とした山形県の関係者がそれほど悲観的でないのは、その折にも指摘したように、最上川、赤川水系と沿岸六小河川での自然産卵がかなり維持されているからかもしれない。

なおカナダやアラスカにおけるサケ・マス増殖事業の根幹はエスケープメントである。これは、持続的資源の利用が可能なだけの量の親魚を川に遡らせた後に沿岸での漁獲を許可するという、まず自然産卵を確保してから漁獲するというやり方である。

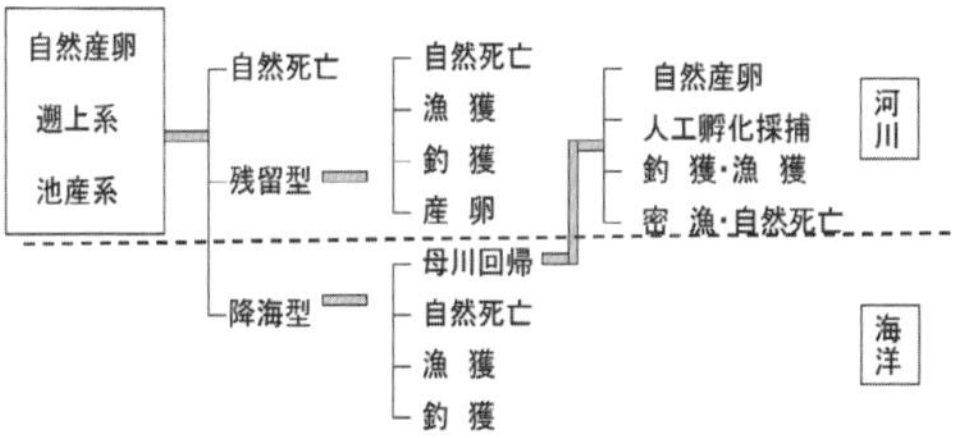

図：サクラマス（ヤマメ）の生活史と人とのかかわり

話は変わるが、筆者のサクラマスとの最初の出会いは四二年前の六月、山形県河北町の魚道でというのも何か妙な話である。これは東北オイカワ採集行の際地元漁協の方がダムの魚道を止めて採集に協力してくれた際に見事なサクラマスが混獲されたのである。

そのサクラマスをどうしたのかは覚えていないが、その翌日川の土堤を下っている際に左手の平を篠竹の切り株で突き刺し、あわてて医者の所に飛び込んだら、傷の真ん中に注射（対破傷風か）をぶっつり射たれたのは鮮明に覚えている。なお、筆者の両親は鶴岡出身なので、新宿に住んでいても子供の時からサクラマスの美味しさは良く知っている。またその前日、六月九日には舟形でオイカワを採集しているが現在その小国川漁協のホームページにはサクラマス情報も載っている。

筆者がサクラマスに関心を持ったきっかけは、安家川の河口に設置されたウライが、サクラマスがこの川で棲み続けるのにどんな意味を持つのかを明らかにすることだった。

その結果、雪どけ水による出水の際にウライを乗り越えて上流まで遡った親魚の産卵により、回帰親魚が大幅に増加することがわかった。そのほか春の出水により、ダムや堰を越えて遡上したサクラマスの自然産卵によりサクラマスが増える――すなわち、**川を川として活かせる状況が出現すればサクラマスは再生できる**ということをも、各地の川で示している。

エスケープメントは人がサケ・マスをゆるやかに管理して遡上させているのに対し、日本におけるこれらの事例は、サクラマスが管理の手を逃れてしたたかにその川で生きのびて棲みついていることを示していると言える。

当然のことながらそれら自然産卵のサクラマスの量はさけ・ます資源管理センターのデータベースでは把握されていない。ということは、日本のサクラマスは国の管理から逃れた、まつろわぬ魚たちによって命脈が保たれているという皮肉なことになっている。伏《まつろ》わぬ人々といわれるアイヌの人々と重なっても見えてくる。

それでは、この一〇〇年の日本列島で、人とサクラマスの関係においてどのようなことが起こったのであろうか。一八九四年発行の『水産事項特別調査』を参考に、そのことを考えてみる。

表：サクラマスの河川捕獲数と沿岸漁獲量

	河川捕獲数(本)			沿岸漁獲量(トン)		
	1890年代	2000年前後	増減割合	1890年代	2000年前後	増減割合
北海道	27960	13514	0.48	171	542	3.2
本州日本海側	6788	2757	0.41	80	175	2.2
本州太平洋側	2548	375	0.15	11	206	19.1
合計	37296	16646	0.45	262	923	3.5

資料の引用等は本文参照

サクラマスの沿岸での漁獲量（トン）と河川捕獲数（本）を、右の調査の一八九〇年代（明治二〇年〈一八八七年〉より五年間の平均値）とさけ・ます資源管理センター及びその情報源である各道府県資料による一九九九年からの五年間の平均値を比較したのが、【表】である。

まず河川捕獲数だが一二〇年前も現在も本州より北海道が二～三倍多く、かつ現在はどちらも半減している。その場合、本州太平洋側の捕獲数が七分の一に激減しているのは、大河北上川水系が壊滅的であると同時に、老部川と安家川という一二〇年前には相手にされていなかった二小河川の遡上捕獲数しかさけ・ます資源管理センターが把握しておらず、自然産卵の実態も把握していないからである。

次にサクラマスの海洋生活期に漁獲されるいわゆる沿岸漁獲量であるが、北海道と本州合わせて三・五倍と増えている。特に本州太平洋側が一九倍と驚異的である。これには二つの理由が考えられる。

第一には青森県から福島県に至る東北地方の太平洋側では一二〇年前には大型の定置網が少なく、漁獲量が一一トンと非常に少なかった。しかし、現在はこの地域も他と同じように定置網が林立する。

第二には、この地域での河川捕獲数は激減しているが自然産卵量はそれほど減っておらず、その結果として回帰接岸親魚が維持されている。それを増加した漁獲圧力で獲ることにより、本州日本海側より多い漁獲量となり、この一〇〇年間で逆転してしまったと考えられる。

このように海での漁獲量は刺網や定置網による沿岸漁獲量が現在一〇〇〇トンに満たないが一九八〇年代半ばまでそれが倍近くあり、かつまた日本海の沖合いでは、公式のサクラマス漁獲量として公表されている国連食糧農業機関（FAO）漁獲統計として、それに加えての一〇〇〇トン前後がある。

これは四〇〇隻を超える流し網と延縄漁船によるものであったが、一九九〇年代に入ってのサケ・マス母川国による四カ国条約（北太平洋における遡河性魚類の系群の保全のための日本、米国、カナダ、ソ連による条約）や二〇〇海里経済水域の設定によって現在は皆無となってしまった。

ただし、この沖合いでの約一〇〇〇トンの漁獲というのは一二〇年前には獲っていなかった、というよりは獲ることが出来なかった。というのはこの沖合いで漁船によって漁獲されるサクラマスはそこで獲られなければ、ロシアの沿海州北部やサハリン南部の沿岸や河川で獲られるしかないからである。このことは次のことなどから推察される。

㈠　日本海の沖合いでイタマス（板）またはヒラマス（平）と呼ばれる体高の高い大型魚が獲れるが、日本の沿岸や河川でこのようなサクラマスは獲れない。

㈡　沿海州北部のコッピ川などに遡上するサクラマスの雄は六～八キロになるものもあり、日本の釣り人はシーマと呼んでいる。

㈢　日本海の沖合いで漁獲されたサクラマスの鱗の多くは極東のロシアの川で採集したサクラマスの鱗と同じ特徴をしている。

そこでロシアのサクラマスの漁獲量はどうなっているのかをNPAFC（北太平洋遡河性魚類委員会）の統計で見てみると、カラフトマス（ピンク）やシロザケ（チャム）は一〇万本とか一万本獲れているが、サクラマス（チェリー）は漁獲なしか入手不可能となっている。ただ日本のサクラマスも一九九七年以降は入手不可能となっているのでこのあたりの事情はよくわからない。

ただびっくりしたのは日本が全く無視しているスポーツフィッシングによる釣獲量が、ロシアの極東では例えば二〇〇五年ベニザケ（ソックアイ）、ギンザケ（コホ）、ピンク、チャムなど合計八〇万本あり、チェリーも一九九九年の三六〇本から、この年サハリンや沿海州で一四〇〇〇本釣られていることが報告されている。なお、サクラマスの放流稚魚数は日本もロシアもこの一五年間きちんと報告している。

なお、前に戻って一九九三年から二〇〇三年までの年平均サクラマス稚魚放流数が北海道九二七万尾、本州日本海側五一八万尾、本州太平洋側七三万尾、というのも面白い。これらの合計値は日本がNPAFCに報告している一五三八万尾と非常によく一致している。だからどうということもないが、空しい。

今から三〇年前、水産庁が作成したサクラマスのマリンランチング計画というものがあった。これは、一九七七年に出版されたアーサー・クラークの『海底牧場』（ハヤカワ文庫SF／原題 The Deep Range）をヒントにした和製英語のようであるが、今となっては悪い冗談としか言いようがない。

サクラマスの家魚化《かぎょ》（家畜に対する語）と言われても、⑴サクラマスは養殖ニジマスのようには累代飼育できない魚。⑵海と川とを多様に利用して行き来する魚。⑶人間が管理するのは無理な魚。というイメージがある。海を知らず、家魚化されたらそれはサクラマスではないという声も出てくる。

日本ではシロザケのふ化放流による栽培漁業がうまくゆき、ダブつくくらい大量に生産されるようになった。そのため、次はベニザケに匹敵するほど美味で高値がつき、銀ピカで戻ってくるサクラマスを家魚化し、資源培養しようということになった。サクラマスは沿岸での漁期が冬から春である。日本海での漁業対象として増えることが期待されているのも理由となった。

しかし現実には、サクラマスがシロザケとは異なる次の三点が問題となった。

㈠シロザケやカラフトマスは産卵直前のブナ毛として戻ってくるので、毎年秋に大量の遡上系の親魚を確保できる。しかしサクラマスは未成熟の状態で河口に到達するので、採卵までの半年間を川で夏を過ごさせなければならない。

㈡シロザケやカラフトマスの稚魚はふ化場から放流されるとすぐに海に出てしまう。サクラマスの稚魚は海に出る前に、川で一年または二年を過ごす。

㈢シロザケでは川での採捕と種苗生産の施設が生産工場の一部となってしまい、河川の天然環境が良好な状態で維持されているがどうかは問題とされなくなってしまった。サクラマスではそうはゆかず、親魚の越夏と稚魚の越冬が可能な河川環境が、維持されていなければならない。

サクラマスでは春に採捕して蓄養した親や、秋に採捕する産卵親魚の確保が難しい。ならば、少量でも確保した人工授精の稚魚を何代にもわたって池で飼育して、そこで得られた親から採卵すれば、いつでも思うように放流用種苗が確保できる。ということで、池産系の放流種苗を生産し、それを移動したり全国的に使い回すようになった。その結果、毎年一五〇〇万尾くらい放流するサクラマスの稚魚の半分を、池産系が占めるようになった。しかし回帰親魚の漁獲量は思うように伸びないどころか、減少傾向にある。池産系の放流魚の回帰率に問題があると考えられている。マリンランチング計画の目論見としては、池産系の親魚が確保でき、その稚魚の放流がうまくゆけば、遡上系の親魚は獲れなくてもよい、と考えていたようである。

一九八六年、ＮＨＫ函館製作の番組「バイテク・サクラマス放流」の中で、北海道の水産ふ化場の担当者がそのことをいみじくも発言している。バイオテクノロジーの技術を用いて全メス化したサクラマスの稚魚を放流する事業について、道内の大学や試験研究機関からは発言する人を得られなかったようで、筆者にそのお鉢が回ってきた。『そんなことをしたら、サクラマスの天然資源に計り知れない遺伝的影響を与える可能性があるので、放流するべきではない。』と筆者が言ったのに対し、その担当者は、『バイテク施術魚は全部回収するので、問題はない。』とがんばった。

この担当者は、一、放流したサクラマスは全て海で漁獲され川には戻らない。二、バイテク魚の放流により遡上系の放流は必要なくなるので遺伝的交流は起こりようがない。と考えたのかもしれない。

まさに日本海を釣り堀または牧場にしようとしたのである。しかし、現在はサクラマスについてバイテクも、マリンランチングも言う人はいない。

北海道・斜里川ほか

北の大地のサクラマス、特別な事情

河口で採捕され採卵前に死んでしまった多数のサクラマスも含め、各支流で自然産卵が行われれば、稚魚の量は人工ふ化の何十倍にもなると考えられる。

産卵のための遡上河川数、河川漁獲親魚数、沿岸漁獲量どれをとっても北海道はサクラマスにとって最大の値を示す豊かな大地である。このサクラマスの分布の中心ともいえる北海道で、河川に生息するサクラマスの姿は、量が多いはずなのにもう一つ見えにくい。その理由としては、

(1) 北海道内水面漁業調整規則により、全道すべての内水面で産卵のために海から遡上したサケ・マスの漁業や遊漁による採捕が禁止されている。

(2) 人工ふ化放流事業のための親魚採捕は認められているが、二〇〇三年その数はシロザケ三三二万尾、カラフトマス一一八万尾、サクラマス一八四九〇尾、ベニザケ二六七尾と、サクラマスは微々たる存在だ。なお、このように北海道ではカラフトマスが多いので『水産事項特別調査』における鱒にはサクラマスが含まれる量が少なく注意を要する。

(3) 冬季のサクラマス船釣りライセンス制により一日一人一〇または一五尾以内といった海での釣獲

は認められているが、川での釣りは密漁以外は無い。六〜九月の当歳魚のヤマベ釣り（北海道ではヤマメをヤマベと呼ぶ）をサクラマスの降海期前の幼魚を混獲する行為だとして、人工ふ化放流事業への影響を問題視する人もいる。

このように、ふ化放流事業関係者以外は河川でのサクラマスの遡上親魚の実態にはふれることもできず、知ることもできない。

そこで、前回まで本州について整理したように、『水産事項特別調査』（一八九〇年代）とさけ・ます資源管理センター（二〇〇三年）の資料、およびその前身である北海道さけ・ますふ化場研究報告（一九六九年二三号）中の「北海道河川遡上マス調査記録（カラフトマス及びサクラマス）」（以下、ふ化場記録と略記）を整理して、【表】にまとめた。

表：サクラマスの河川親魚捕獲数（万本）と
北海道さけ・ますふ化場「ふ化場記録」による遡上推定数

流入河川の海区	特別調査其他上流	1963〜1965平均	2003年データベース	遡上推定数・1965年（万本）	推定河川数	平均延長（km）	産卵場までの距離（キロ数）
オホーツク・根室海区（宗谷岬〜知床〜納沙布岬	0.63	0.53	1.83	5.8	56	27	15
日本海区（宗谷岬〜白神岬）	1.86	0.09	0.46	4.8	35	47	45
津軽海峡〜太平洋海区（白神岬〜襟裳〜納沙布岬）	0.19	—	0.007	2.2	55	38	24
北海道小計	2.69	0.62	2.30	12.8	146		
北海道沿岸漁獲量（万本）	6.8	163.7	21.7				

表中の遡上推定数（１９６５年）は、ふ化場記録からの数字だ。各地区漁業協同組合あるいは地元釣魚会等からの情報や付近住民の情報についての河川ごとの聞き取り調査によるもので、遡上時期、産卵期間、河口よりのキロ数で示す産卵場の位置なども調べている。ふ化場記録は、Kato（1991）がこの遡上推定数をescapement（エスケープメント）として扱っているので不思議に思い、調べてその存在に気がついた。エスケープメントは自然産卵の

量を推定するのに非常に重要な数値である。

日本の研究者は完全人工ふ化放流主義のため、この語についてほとんど触れないが、ふ化場記録で、『従って、北海道のサクラマスの再生産はこれら人工ふ化によるもののほか、早期にそ上して各河川の上流に達する親魚の自然産卵がやや大きな部分を占めると考えられ、総遡上推定数から見て人工ふ化の部分は著しく小さく、稚魚の生産量は総発生量の20％前後と推察せられる。』と述べているのは、我が意を得たりで非常にうれしい。

では一九六五年における北海道でのサクラマス遡上推定数約一三万本は、現在どうなっているのだろうか。その激減ぶりを一番よく知っているのはサクラマスの密漁者かもしれない。

玉手・早尻（二〇〇八）水利科学三〇一号の論文「北海道における河川横断工作物基数とサクラマス沿岸漁獲量の関係—河川横断工作物とサクラマスの関係から河川生態系保全を考える—」では、沿岸漁獲量というほとんど使えない、もっともらしく計算した統計資料（道庁作成の心もとない漁獲統計をもとにした前記ふ化場記録の怪しい数字に対してさえも、その約二分の一しかない推定値）をもとに、『このような弊害を伴う河川工作物の建設が一九六〇年代に本格化したため（図1参照）、一九七〇年代前半に北海道系サクラマスの資源量が急激に落ち込んだ（図2参照）というシナリオにはかなりの説得力があるように思われる。』としている。この推察には、サクラマスの資源量の把握に無理がある。ダムなど河川工作物建設の影響が直接サクラマスに及ぶとしたら、国益もからむ伏魔殿的な海でのサケ・マス漁獲量ではなく、河川での自然産卵量に現れるはずだ。

玉手・早尻らの論文は、北海道開発局、製紙会社、ダム協会、道庁等から提供を受けた治山ダム、砂防ダム（一九六〇年代の半ばに建設ペースが急激に加速し二〇〇四年現在北海道開発局および道庁建設部は合計二〇〇〇基超を設置した）、ハイダム、発電用ローダム、頭首工の累計設置基数が一九六五年の約二〇〇から四〇年間で三万七千（うち三万五千基が治山ダム）に激増したことを示している。サクラマスの自然産卵水域は、治山ダム、砂防ダムの設置位置と驚くほどよく重なる。

一九六五年の時点で北海道さけ・ますふ化場のスタッフはこのことを予知して、〝自然遺跡〟ともいえるサクラマスの遡上推定数を調べたのかもしれない。

ダム建設とサクラマスとの関係については、苫小牧東部工業団地への工業用水供給を主目的として一九七三年より始められた沙流川総合開発事業の一環として、一九九七年に完成した二風谷《にぶたに》ダムやその二五キロ上流の平取《びらとり》ダム（二〇〇九年秋の民主党のダム見直しで本体工事凍結）の建設に反対したアイヌの人々の、サケ・マスの賢い利用の歴史に思いをはせるべきである。

また最近では、天塩川水系サンル川のダム建設をめぐり、北海道のさけ・ますふ化放流事業を囲い込んで、サクラマスを消滅させようという北海道開発局の策略が見えてきた。

二〇〇九年一〇月二日発行の、週刊金曜日七六九号の『脱！ 脱脱ダム サンルダム 〈談合の島〉北海道で全長9キロの魚道計画』というまさのあつこさんの報告には驚くと同時に、開発する側はここまでやるのかとうなってしまった。

というのは、「天塩川魚類生息環境保全に関する専門家会議」というダム建設を前提としたサクラマスのための会議に、サクラマスの魔力に冒されてしまったと自称する元さけ・ます資源管理センター調査研究課長の真山紘さんを、現在の所属先の（社）北海道栽培漁業振興公社がらみで、八名の委員の一人の中に取り込んでいるからである。（北海道栽培漁業振興公社は、サンルダム関連事業を二〇〇二年度からだけでも毎年度発注している北海道開発局からの受注額が、事業収入の四割を超えることがわかっている。）

筆者はこれまでも真山さんからサクラマスのことで色々教えてもらっており、土建地獄の網にからめとられてしまっているのではないかと心配してご本人に電話したところ、「一二月の入札も中止だとか、ダムはできないんじゃないの」と淡々と話されたのには、これまたうなってしまった。サクラマスのしたたかさか。たしかに民主党のダム見直しでサンルダムは建設の見込みがなくなった。

北海道では、増殖事業がうまくいってサクラマスの河川採捕量が倍増した例として、斜里川が話題になる。これは、早期遡上親魚を河口のウライで採捕し支流のふ化場で蓄養して秋に採卵していたのを、一九九三年より遡上の支障となる河口のウライなどの河川工作物を撤去し各支流で自然産卵するようにしたら、五〇〇尾位まで年々落ち込んでいたウライでの親魚採捕数が、秋に支流の斜里事業所で採卵用に採捕する親魚数で五〇〇〇尾にまで増加したというものである。

春先にウライなどで採捕した遡上親魚を半年間無給餌で蓄養し、採卵する人工ふ化放流事業はうまくゆかないことが、新潟県加治川や富山県庄川で明らかになっている。斜里川で採卵に供した五〇〇尾の陰には、春先に採捕されたものの採卵前に死んでしまった多数のサクラマスがいたようだ。それらの親魚もふくめてウライがなくなったことにより遡上した親魚が各支流で自然産卵に参加すれば、そこから生まれる稚魚の量は、人工ふ化の部分の何十倍にもなると考えられる。

筆者らは一九九四年六月札幌での第一回サケマス増殖談話会で二つの報告「生物多様性とサツキマスの人工孵化放流事業」、「本州における一〇〇年間のサケ漁獲量の究明」(中野正貴が修論を中心に報告)を行った。これらの報告の基底には、人工ふ化放流事業促進の名の下にアイヌの人々からサケ・マスを取り上げた〝資源開発〟という収奪行為への疑問がある。北米で先住民からサケを取り上げた仕打ちにも通ずるものだ。

北海道のサクラマスの命運を考えているうちに、北の大地でのアイヌの人々とサケ・マス増殖事業、でんぷん産業、製材製紙産業、農業などと河川汚濁・荒廃、そして水資源開発、電源開発、治山・治水等を目的としたダム建設とサケ・マスふ化放流事業との関係といった百数十年の政治、経済、社会の流れの中でかろうじて生き延び、これからの復活も間に合うかもしれないサクラマスのしなやかさとしたたかさが見えてきた。

北海道の生まれた沢に帰ってきたサクラマス

一八八四年（明治一七年）発行の大日本水産会報告二六号に発表した内村鑑三の論文「石狩川鮭魚減少の源因」は凄い。サケが減った原因として七つの理由をまず説明している（カッコ内に筆者の理解を示した）。

一、種川ノ無定（自然産卵の保護、増進をせず）二、漁場ノ増加（漁獲圧力による乱獲）三、漁具ノ改良（漁獲努力の強化、増大）四、モウライシップ境ムエン岬ノ建網（沿岸漁業の存在）五、漁期ノ無制限（禁漁期無しの遡上親魚の漁獲）六、河口漁場ノ設立（河口および河川の淵などでの親魚の漁獲）七、幌内石炭山ノ開採（岩内川鮭漁消滅の具体的原因）

以上を具体的に説明した後、人工ふ化という増殖策もあるが、欧米のようにそれをしないで漁獲規制を厳しくするのがよく、日本でもサケの保護を目的とする水産保護法を制定すべきであるとしている。これだと内村鑑三は厳しいサケ・マス捕獲禁止論者のように見えるが、じつは違う。

二〇歳で札幌農学校を卒業し、開拓使御用達係勤務となった内村鑑三は、一八八二年一二月に官費生として五年の奉職義務が課せられていた開拓使御用係勤務を命ぜられ、民事局勧業課の役人となった。そして翌年一二月に四年前鮭漁業禁止となった千歳川上流のサケ産卵場の禁漁を一部解くべきか否かの調査を同僚とともに行い、その出張の復命書に付けた一八三行という長い意見書の最後に、次のような意見を述べている。「禁漁にしても和人は他に方法があるが、旧土人においては昔から鮭を常食としているのでその捕獲を禁じたら殆ど饑餓してしまう。饑餓の民を救うためには、彼等に千歳川の漁を許し、家計を立てさせることである。昔のやり方を考えれば、彼等に漁を許したなら長く生計を失わず、また鮭繁殖の基を堅持し永く千歳川の魚を保持するに至らん。」しかしこの意見は採用されず、翌一八八三年四月に辞職願を出し、認められる。

筆者は一九九四年札幌での第一回サケマス増殖談話会の後に、中野正貴君と二風谷に萱野茂さんをお訪ねした。先に人工ふ化放流ありきで、それを義務づけてアイヌの人々からサケを取り上げたのではないかと問うたところ、この無知な質問に萱野さんはただ笑って黙っているだけだった。しかし今考えてみると実態は、内村鑑三の直面した惨状、まずはじめに捕獲禁止ありきだったのだ。

さらにそれ以前のアイヌの人々の暮らしについては、幕府の御用係として一八四五年二八歳から二三年間に六回の蝦夷地周回調査旅行で出会ったアイヌの人、一人一人の暮らしを記録した日誌など、ルポルタージュ作家のようにして書き上げた松浦武四郎の書き残したものをアイヌの人々の視点でたどりなおしている花崎皋平の『静かなる大地　松浦武四郎とアイヌ民族』からうかがい知ることができる。村落共同体は破壊し尽くされており、サケを維持的な慣行をもって賢く利用するという状態ではない。

一九九三年、札幌地方裁判所は萱野茂さんを原告とする〝二風谷ダム建設のための違法な土地収用を取り消せ〟という裁判において、次のような判決を下した。

「二風谷ダムの建設にあたって、先住民族であるアイヌ民族に衣食生活の基盤をなす鮭の捕獲を禁止して、なお鮭を中心とする文化や土地を土地収用法にもとづいて国が取り上げることは違法である。」

内村鑑三を大先輩として賞揚する北海道大学や道水産ふ化場の研究者たちは、魚類学や水産学の研究にしがみついて、ニジマス、ブラウントラウト、ブラックバスなど外来魚の排除に熱心である。しかし、外来の開拓、開発政府の侵略により、先住民がサケ・マスを収奪されているという問題には、見えないふりをして関ろうとせず、言及もしない。

岐阜県・長良川

長良川河口堰とサツキマスの自然産卵

現在、天然アマゴのいる川ではどこでもサツキマスが獲れた。だからといって「アマゴを放流すればサツキマスが増える」ことにはならない。

木曽三川には古くから、春になるとカワマスと呼ばれる、アマゴとも海のマスともちょっと違う魚が遡上し、美味な高級魚として珍重されてきた。また戦前の記録では、天竜川、淀川、熊野川、太田川などでもこうした遡上マスの漁獲が認められる。

姿を消した遡上マスたち

しかしこれら遡上マスは、その存在が研究者の目にとまるのを待たずして、いつの間にか各地で姿を消していった。その原因は、海と川との往来の経路がダムや堰堤、川の汚染などによって分断されてしまったことにある。一方、ようやくこのマスに光があてられることになったのは一九六〇年代後半になってからのことである。皮肉にもそれは長良川河口堰の建設に関連してのことであった。

その後、長良川の漁師たちが〈カワマス〉と呼んでいたこの魚がアマゴの降海型にあたることがわかり、その遡上がちょうどサツキの咲く頃にみられたことから〈サツキマス〉と命名された。そして現在、今なおこのサツキマスにおいて、漁業対象となるほどの自然個体群が維持されているのは日本中で長良川のみとなった。

サツキマスが日本固有の亜種であり、降海型のサケ属としては世界最南端に分布することから、今やサツキマスは日本はおろか地球上でこの長良川にしか生息していないことになる。このような現状に対応して環境庁は一九八九年一二月、サツキマスをレッドデータブックの〈絶滅危惧種〉リストに含めている。しかし、サツキマスにとって最後の砦ともいえるこの長良川も、今や自然河川としてのその存続が危ぶまれている。

自然のままのサツキマス漁

このような状況下にあっても長良川ではこれまで、サツキマス漁が産業として成り立ってきた。サツキマスは満〇歳ないし一歳の秋に降海し、伊勢湾沿岸域で約半年間という短い海中生活を送る。その間、甲殻類やイカナゴなどの稚魚を飽食し、わずか数ヶ月間で急速に成長する。四、五月に体調三〇～四〇センチ、体重三〇〇～一〇〇〇グラムに成長したサツキマスは再び長良川を遡上する。

トロ流し漁

この頃下流の羽島市近辺で、この遡上期のマスをねらっておこなわれるのが「トロ流し漁」である。浮き刺網をU字型に船からほぼ川幅いっぱいに張り、そのまま流れに合わせて網を流し、上流に向かう漁法である。通常の刺網の操業方法では、張ってから網を上げるまで時間がかかり網にかかったマスは死んでしまうが、「トロ流し漁」は網を入れてから上げるまでの時間が短いので、魚を比較的痛めずに獲ることができるという。

ご兄弟で専業の川漁師としてアユ、サツキマスなどを漁獲している大橋さんは、この漁法で一シーズン数百万円を稼ぎだすという、長良川でも名うての漁師である。そして、かつてはこの漁で息子さんを東京の大学へ通わせていたのだと、額縁にていねいに納められた卒業証書を見せながら誇らしげに語る。しかし、そんな大橋さんたち漁師の熟練の技をもってしても、遡ってくるものが来なくなればもはやなすすべもない。

そうした意味からも他力本願と言わざるを得ないこの漁の生命線までもが、河口堰の建設により今まさに分断されようとしている。

遡上の様子

サツキマスの遡上速度は一日に五～六キロメートルと言われているが、この大橋さんの漁場は河口から三八キロメートル上がったところにあるため、計算通りであれば海から一週間くらいで着くことになる。しかし、伊勢湾から長良川に入ったサツキマスは機械的に一定速度で泳ぐものではない。海水と淡水の混ざり合い、濁りや障害物さらには捕食者や人間、いろいろなものに戸惑いそれを避けながら遡ってゆく。

実際に一九九四年の五月、長良川河口堰が魚類の遡上にどのように影響するかを知るために建設省が行った調査でも、五月一九日から二一日の三日間ゲートを操作し閉めたところ、大橋さんの漁獲量が大きく減少した。すなわち、それまでの一週間一日平均五八尾獲れていたものの二一日、二二日の両日は一日五尾と一〇分の一以下になってしまった。魚道の利用状況、堰の上下流域における密度などはっきりしたことがわからないので、河口堰の影響がどの程度であるかを具体的には言えないが、サツキマスにとってはとんでもないものがつくられたことだけは確かである。

なお、この調査期間中岐阜市場に入荷した長良川産のサツキマスは四月一八日から六月三〇日の間に一二五八尾でその八五パーセントが五月に入荷している。まさにサツキマスである。

長良川のサツキマス

サツキマスの産卵について

長良川が日本最後の天然河川と賞される理由の一つは、この川で天然のサツキマスが大量に産卵を繰り返しているということであった。夏、中・上流域にまで達したサツキマスは流れのゆるやかな淵を遊泳し、八月には朱紫色の婚姻色に身を染め始める。そして一〇月下旬、産卵期を迎えたサツキマスは、長良川の支流の吉田川、亀尾島川

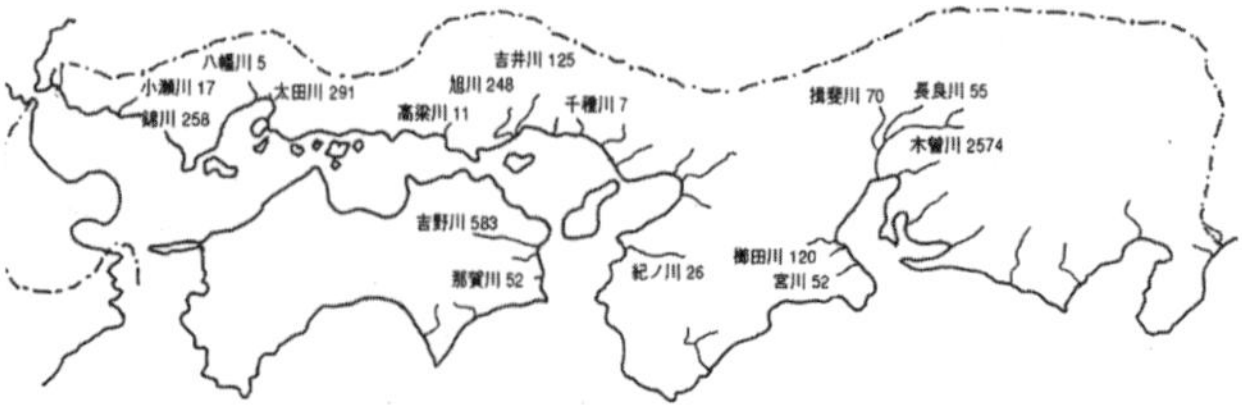

図1：1891 年の鱒の年間漁獲量（貫）
水産事項特別調査（1894）より

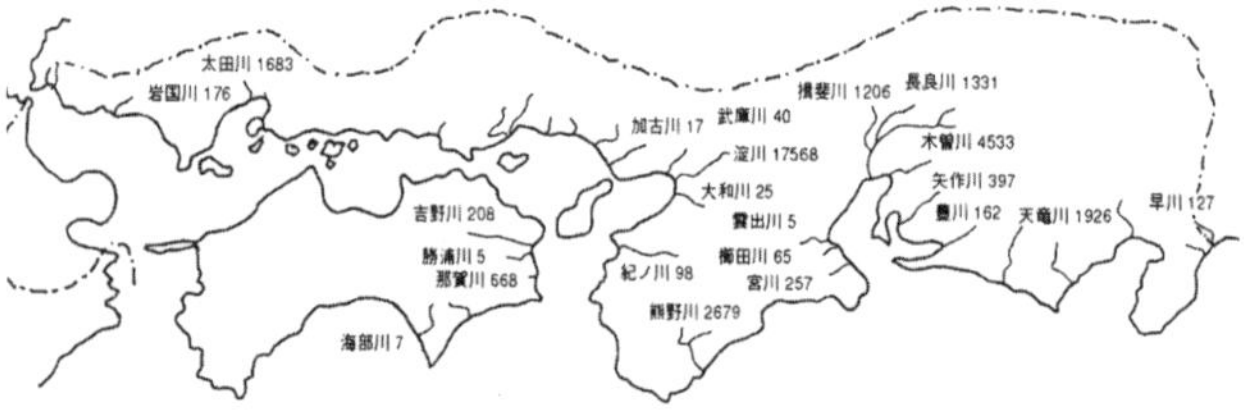

図2：1928-1930 年の鱒の平均年間漁獲量（貫）
河川漁業調より

で産卵する。

ところが現在、産卵場のある支流では、堰堤があるために産卵の最適地であった源流部にまで遡上ができず、仕方なく堰堤の下流域で産卵をしている。当然のことながらふ化率は悪いようである。加えて、源流部でのスキー場、ゴルフ場、農地の設営のための森林伐採およびそれらからの排水、農薬の垂れ流しによる水の汚染などが、サツキマスの命の源をめぐる環境に徐々に暗い影を落とし始めている。

昔のサツキマスの分布と漁獲量

今からほぼ一〇〇年前の『水産事項特別調査』という報告書には、一八九一年のサツキマスと考えられる鱒の年間漁獲量が山口県の錦川から木曽川まで一六河川で合計四四九二貫、本数にして約二万本と記録されている【図1】。

その後の今から六五年ほど前の『河川漁業調』では【図2】に見られるように、サツキマスと考えられる鱒の漁獲される河川数も漁獲量も増えている。これは、調査や統計資料の整備が進んだことが原因と考えられ、人工ふ化放流や環境改善の結果とは考えられない。というのは、この鱒の人工ふ化放流はこの頃まだ行われておらず、またすでに各地でダムの建設が進められ始めているからである。

また、この図で一点破線で囲まれている瀬戸内海と伊勢湾、駿河湾に流入する河川のある地域は、現在アマゴの分布域とされている。その範囲の鱒はアマゴの降海型のサツキマスと見てよいだろう。要は現在、天然のアマゴのいる川ではどこでもサツキマスが獲れたということである。そのことと建設省のいう「サツキマスはアマゴです、だからアマゴを放流すればサツキマスが増えます」というのとは別である。というのは、一九九四年現在、サツキマスはダムの無い長良川でしか自然繁殖しておらず、富士川、狩野川および丹沢湖などではサツキマスと思われる鱒が少数存在するかもしれないと報告されているにすぎないからである【図3】。

図3：1994 年のサツキマスの状況

また、天竜川や淀川ではアマゴの銀毛化したものを放流しサツキマスを〈復活〉させようという試みがあるが、これは海から戻って来たものをダム下流で回収するという粗放的放牧のような鱒の生産の仕方であって、本来山あいの渓流域と海を行き来して繁殖の営みを繰り返しているサツキマスをよみがえらせるというのとは程遠いものと言わざるを得ない。

そのようなことをあらためて考えさせる二つの図を次に示す。

【図4】は現在の木曽三川におけるサツキマスの漁獲状況である。流域の漁業協同組合や釣り具店をまわって聞き取り調査した結果をまとめたものである。木曽川で約四トン、長良川で約一一トン、揖斐川で約五トンが遊漁や漁業によって獲られている。長良川の上流にまで遡上して産卵に参加するのは、それまでに漁獲される一万数千尾に辛うじて入らなかった少数の親魚ということになる。

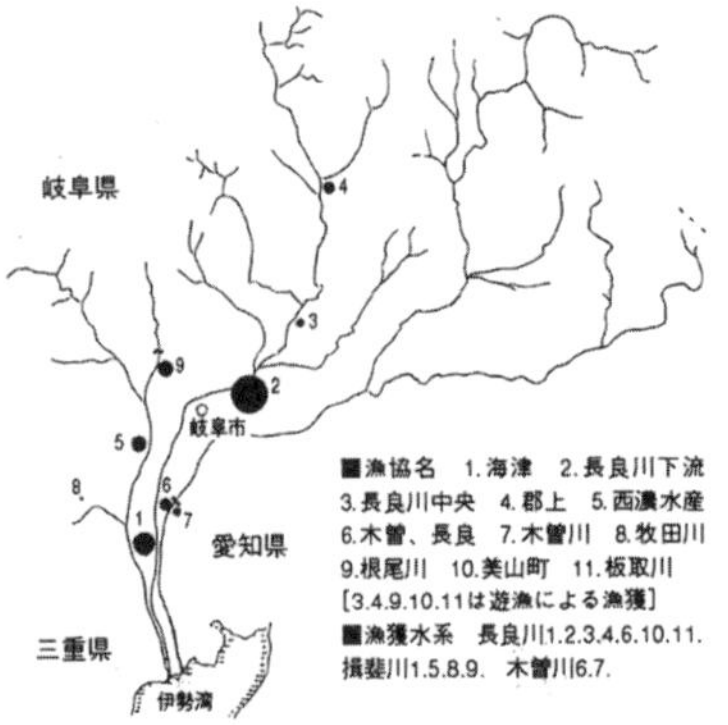

図４：1990年のサツキマスの漁獲状況

水口研究室の白木谷卓君の一九九三年の卒業論文によれば、これら三川の漁獲量の三割が放流されたもので、長良川での自然産卵起源が残りの七割と推定される。なお、木曽三川の河口域は合流しているので、木曽川と揖斐川の下流域におけるサツキマス漁獲量の多くを長良川起源の自然産卵魚に頼っている。

このことは次の【図5】のもつ意味を理解すると重大な予測をせざるを得ないことを示している。【図5】は川が大きく奥行きが深いとはどういうことかをよく示している。

今から一〇〇年前、今をときめく長良川での漁獲五五貫に対して、木曽川水系ではその約四〇倍漁獲している。その四〇年後の【図2】では、長良川に対して木曽川は四倍強になっている。実は木曽川は、奥行き深く水量多きがゆえに、水資源開発すなわち、水力発電や水利用に早くから目をつけられてきた。それゆえこの頃すでにサツキマスの遡上が伸び悩み始めているといえる。一八九〇年頃の統計資料の不備を考えると、一〇〇年前の木曽川のサツキマスを遡上させる能力は、一九三〇年頃の淀川に匹敵するものだったかもしれない。

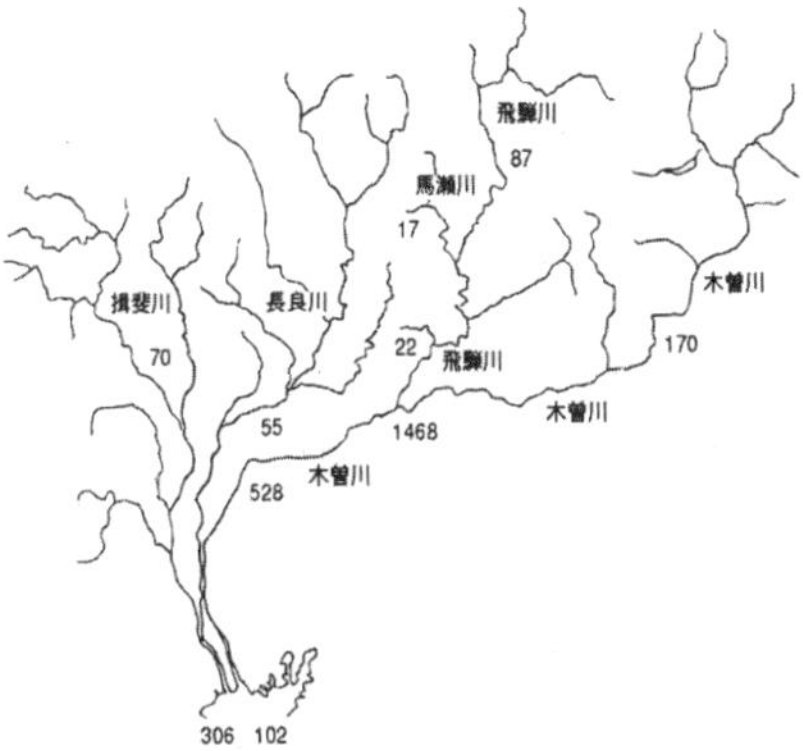

図5：1891年の木曽三川における鱒の年間漁獲量（貫）
『水産事項特別調査』（1894年）より作成

その木曽川が、今はどうだろう、一九七七年に完成した馬飼野頭首工という河口堰の下流で放流ものと長良川の自然遡上群のおこぼれを漁獲して細々と息をついているという状態である。それゆえ、長良川に河口堰ができ木曽川のようになってしまえば、木曽三川のサツキマスは人工ふ化したものを毎年放流して息をつないでゆくしかない。

表1：サツキマスの二つの型

アマゴマス	カワマス
尾びれのはじが赤っぽい。赤黒い。 身は真っ赤ではないが赤い。 朱点は鮮明。 大型は60cmになる。 シラメの身は白い。 そ上のピークは6月中旬以降。 数ではアマゴマスが圧倒的に多い。	尾、背びれが真っ黒。 身は真っ赤。 銀白色。 60cmにはならない。 シラメの身がにおって身はクリーム色。 稚魚はひれが透明。 そ上のピークは5月。 下流で網にかかるのはカワマス。 網が上がってからアマゴマス。

郡上八幡の恩田俊雄さんから聞き取り（1992年8月）

サツキマスの二つの型

ところで、現在長良川に二つの型のサツキマスが生息していることを皆さんご存じだろうか。

一九九五年四月一五日の三重県長島町における長良川河口堰建設にかかわる円卓会議の「環境」討議日でも水口が問題を指摘したが、【表1】に示すように、アマゴマスとカワマスの二つの型がある。これは、海津、木曽長良、長良下流の漁協の聞き取りではヒラマスとツツマスと呼ばれ、この四月の水産学会の報告では、サツキマスの降海型と河川残留型ということになる【表2】。

これらがそれぞれどのように対応するかはこれからの調査研究をまたなければならないが、河口堰を運用することにより二つの型のどちらかが消えるか両方消えるか、両者とも影響ないか全くわからない。また、消滅したものを放流で補おうといっても何を放流するのか放流する人たちがわかっていない。円卓会議でも和田弘吉氏がこのことを明言した。

表2：ヒラマスとツツマスの特徴

ヒラマス	体型	そ上時期	体色	朱点	斑点	肉色
海津	幅広	5/10 頃	てかり	有	不明	淡いピンク
木曽長良	幅広	漁期中	銀（背中青）	有	不明	赤、ピンク
長良下流	幅広	初期	銀（青っぽい）	有	不明	ピンク

長良川下流ではヒラマスは大型が多い（最大 1500g）と言われており、また朱点は無いものもいる。ひれはほとんどのものが黒である。

ツツマス	体型	そ上時期	体色	朱点	斑点	肉色
海津	細長	上、下期	黒っぽい	有	不明	サーモンピンク
木曽長良	細長	漁期中	キャラメル色	有	不明	ピンク
長良下流	細長	後期	赤み	有、無	少ない	ピンク

長良川下流ではツツマスは比較的小型で最大でも 700 ～ 800g 程度であるといわれており、また朱点はないものもいる。ひれはほとんどのものが黒である。白木谷（1993）より引用

このように、自然産卵が消滅し、人工ふ化放流に頼るようになれば、生物多様性や種の多型現象というものが軽視され、さらには無視されるようになる。これは、日本におけるサケの人工ふ化放流事業の一〇〇年の歴史においても同じことがいえる。このことは、自然というものが資源として利用できればよいということで、ないがしろにされつまらないものになってゆく過程を示している。

※追記：この時点では「戻りヤマメ」やジャックのことをよく理解していなかったので、コラム⑥（73ページ）のように整理すると、サツキマスの二つの型についてはよくわかる。

（二〇一〇年四月）

Ⅳ ダムをやめれば、サクラ咲く

山形県最上川（写真：松田洋一）

レッドデータブックを疑え

環境省と水産庁はそれぞれの勝手な思惑で、特定の魚をレッドデータブックに出したり入れたりしている。サクラマスやサツキマスにとっては、私たちは何なのかということだ。

レッドデータブックはどう作られるのか

レッドデータブックとは、絶滅のおそれのある野生生物の種のリストを掲載した冊子のことである。近年は環境ブームということなのか、このレッドデータブックが何かと持ち出される。メダカがレッドデータブックに載って大騒ぎしたのは記憶に新しい。

二〇〇五年の特定外来生物法の策定時、筆者は環境省・特定外来生物諮問委員会の議論に参加した。環境省作成のレッドデータブックを元にそれぞれの魚をひとつのカテゴリーに入れたり位置づけしたり、悪者として指名手配したりすることについて、そのおかしさを批判した。それぞれの魚が本当はどういう生息状態におかれていて減っている原因が何なのかを、専門家と称する委員たちがほとんど理解していなかったのが一番の問題だった。

レッドデータブックに載る、載らないの根拠はどんなものか。レッドデータブックにおけるサケ・

マス関係の扱われ方に例を見てみる。一九九一年のレッドデータブックでは絶滅種がクニマスで、サツキマスは絶滅が心配される種だとされていた。それが長良川河口堰の建設反対運動との関連で、二〇〇三年には国はサツキマスをレッドデータブックから外した。レッドデータブックに載るような貴重な魚を絶滅に追いやる可能性のある河口堰はとんでもないという声を恐れたわけだ。

かくして二〇〇三年のレッドデータブックには、サケ・マス関係では、クニマス、ビワマス、北海道のイトウの三種が掲載された。それが二〇〇七年のレッドデータブック見直しでは、もう河口堰も完成したからかまわないということなのか、その三種に加えて、サツキマスとヒメマスがいわば復活当選を果たした。環境庁はサケ・マス関係で合計五種を絶滅危惧種として認定したことになる。

水産庁が作成しているレッドデータブックはレッドリストと呼ばれている。一九九八年作成のレッドリストには、サツキマスとビワマスとイトウが入っている。絶滅している田沢湖のクニマスは水産には関係ないということで、初めから問題にしていない。そしてサクラマスは、本書で見てきたように、自然遡上群が激減している地方がほとんどであるにもかかわらず、レッドリストに入っていない。

水産庁がサクラマスをレッドリストに入れないのはなぜか。サクラマスは各地で漁業も行われているし、国の増殖事業でふ化放流もしている。絶滅危惧種を漁業で獲っていたら水産行政としてスジが通らないわけだ。つまり、環境省と水産庁はそれぞれ勝手な思惑で、特定の魚をレッドデータブックに出したり入れたりしている。サクラマスやサツキマスにとっては、私たちは何なのかということだ。

お粗末な政治と科学に弄ばれる魚たち

ベニザケの湖沼陸封であるヒメマスは、各地の湖に放流されて人気がある。北海道阿寒湖のヒメマスは完全な自然の湖沼陸封型で、これは大事にしなければいけないとリストに載った。同じ北海道にある洞爺湖のサクラマスも自然の湖沼陸封だが、問題にされたのは阿寒湖のヒメマスだった。どちらの湖でもヒメマスを釣っているし、増やしていることには変わらないのだが。

長野県諏訪湖にはアメノウオが生息している。地質年代的な大昔、天竜川を遡上したサツキマスがフォッサマグナと関連する断層湖（諏訪湖）に閉じ込められた。そのサツキマスが湖を利用して大型化したものが、アメノウオだ。ワカサギを観光資源として大事にしている諏訪湖では、ワカサギを食べるアメノウオは害魚として扱われている。だからアメノウオ保護は言い出しにくい。アメノウオを保護すべきだと思っている人々はむしろアメノウオを大騒ぎしてほしくない。アメノウオは漁の対象としては数が少なく漁協も意見が統一されていない。結果としてアメノウオは絶滅危惧の議論から無視されている。本当はアメノウオは数を減らしており、差し迫った絶滅の心配がある魚である。

琵琶湖では準絶滅危惧種になっているビワマスが琵琶湖古来のヒウオ、コアユ、ならびに移入されたワカサギを食べている。諏訪湖ではアメノウオがやはり移入種のワカサギを常食している。これは国内外来魚と在来絶滅危惧種との関係という非常にややこしい問題になる。日本の内水面漁業は国内外来魚移殖の歴史そのものなのだが、レッドデータブックはそれを整理できていない。

北海道ではシロザケ、カラフトマス、サクラマスの稚魚を川で捕食するイトウは、サケ・マスふ化事業の関係者、漁業者には長く害魚として扱われていた。イトウを釣って楽しんでいたのは釣り人だ。だが二〇〇三年にイトウがレッドデータブックの絶滅危惧ⅠB類になると、北海道もイトウ保護に力を入れだした。北海道ではこれまで通り釣りを続けたい釣り人と、釣りを規制したい行政との間で摩擦が起こりだしている。イトウ自身は関係なく昔からの生活を続けているだけだ。

要はお粗末な科学と政治の狭間で、サツキマスもサクラマスもビワマスもイトウも弄ばれている。筆者はレッドデータブックを作成すること自体を否定するものではない。ランク分けや種類分けを人々に分かりやすい、きちんとした基準でやるべきというだけの話だ。国交省からの横槍が入ったからサツキマスは外すとか、ほとぼりが冷めたから入れるとかはご都合主義であり、おかしい。


特定外来生物法は「逆レッドデータブック」である

人間の都合でレッドデータブックに出し入れするのは、生物をいてもいい、いてはいけないと決めつける特定外来生物法の指定と構造は同じだ。特定外来生物への指定は、増えるのが問題だから減らそうというリストに入れることで、いわば「逆レッドデータブック」だと言える。

ニジマスとブラウントラウトは最初から特定外来生物の候補に挙がっている。ニジマスは全国でとても良く利用されているし、一〇〇以上の漁協の漁業権魚種になっている。だから水産庁はニジマスを特定外来生物には絶対認められないし、環境省も怖くて手がつけられない。ブラウントラウトを漁業権魚種にしているのは四漁協だけだ。ブラウントラウトとニジマスが問題だと大声で言っているのは実際は北海道の一部の研究者で、両者が本当に問題なのかには疑問があるところだ。

それよりも北海道では、ブラックバスが函館大沼で数匹見つけられたら過剰反応して、ダイナマイトで爆殺せよという指令を出すぐらい滅茶苦茶なことがやられている。しかもそれを北海道の自然保護協会が認めるというとんでもない事態が起きている。本当に理解に苦しむ。イトウの問題も含めて、いま色々な問題が北海道で軋みだしているといえる。

いままで通りの楽しみをつづけたいと言いつづけよう

筆者は二〇〇三年六月の中央環境審議会野生生物部会第五回移入種対策小委員会で、生物の生存に対する脅威と存続を脅かしている原因の変化を示すため、一九九一年と二〇〇三年のレッドデータブックを比較した。すると両時期とも、原因全体の六割近くを河川開発、埋め立てなどの開発、ダム建設、森林伐採、道路工事などが占めていた。ダムや河川工事の開発行為を抑えれば、生物の生存を脅かす原因の大部分がなくなってしまうと環境省自らが認めているわけだ。

恣意性のないレッドデータブックを作成するべきだと記したが、日本にそれをできる機関はない。

環境省は水産庁とは互角でも国交省に対しては圧倒的に弱い。ただし国交省の風向きも最近は変わって来ているので、そう単純でもない。だからあまり行政に期待するよりも、地域の人たちが自分たちで考えてやる。百家争鳴の中でみんなが生物に関心を持って、減るのを防いでゆくとなればよいと思う。

国とか団体とか、大きな力で網をかけて物事を動かそうという考え方を、筆者は持っていない。少数とはいえまっとうな人々が、自分たちの考えと言葉とで「この生物を守ろう」、「こういう暮らしを続けてゆきたい」、「こういう楽しみは認められて当然だ」と主張しつづけることが大事だ。それが正しい限りは、基本的には大きな流れそのものが、だんだんとその主張のほうに沿っていくものだ。

国を動かそうとか大きな流れを作ろうと思うと、空しく徒労に終わる可能性がある。なにか新しいことを求めたい人は、そのことの実現に取り組めばいい。でもそれ以前に、まず今までやってきた自分たちの楽しみを維持することだけでも大変なのである。

例えばサクラマスを今まで通り釣りつづけたいと言っても、ダムができれば釣りはできなくなる。今まで通りの楽しみをやりたいんだと、まず主張する。その結果としてそういう声を持っている人々の集まりに、ひとつの評価がなされる。それがいま色々な場所で起こっていると思う。それぞれの人々が愛着を持つこととか大切に思うことを、それぞれの場でしつこく言いつづけることが大事だ。

一九二九年、二七歳で世を去った違星北斗《いぼしほくと》（アイヌの歌人・社会運動家）の絶唱──「アイヌと云ふ 新しくよい概念を 内地の人に与えたく思ふ」は、萱野茂さんのキツネのチャランケの話を思い起こさせる。あるアイヌの人にサケを食べたことを咎められたキツネが、次のようなチャランケ（説得力のある談判の意）をしたという。

鮭というものはアイヌがつくったものでもなく、我々キツネがつくったものでもない。石狩川の河口をつかさどる神が鮭を食べる動物全部が仲好くわかちあって食べるようにつくってくれた。そのピピリノユクル（男神）とピピリノエマツ（女神）が、毎年鮭が故郷の川に産卵に帰ってくるとどれだけの尾数を遡らせるかを決めて数えて遡らせてくれているのだ。いや、実のところお前たちアイヌ、我々キツネ、熊、そしてその他の鮭を食べる生きものは腹いっぱい食べている。それでもまだ充分に残っている。

この話について萱野さんは『キツネのチャランケ』（一九七四）と『アイヌとキツネ』（二〇〇一）として絵本を出し、本書の180ページで紹介する『First Fish,First People』の最後でも、サケと人間を始めとする生きものとの関係についての寓話として語っている。

萱野さんがこのように何回もこの話を伝えようとしていることは、子供たちや世界中の人たちがこの話のもつ意味を考えることを望んでいたのであろう。筆者は次のような思いを持つ。

(1) サケが産卵に川を遡るとき、次の世代を残すことも含めて多くの生きものと共に生きてゆくよう決められているし、また決めるものがあるのではないか。

(2) エスケープメントとか木ノ葉払い（180ページ参照）を超えた、サケに対するアイヌの人々の非常に深く広い野生の思考（知恵）が、神の名を借りて語られているのかもしれない。その知恵とは何だろう。

(3) 最近はシロザケが安いし余ったから釣り人に釣らせよう、クマやフクロウに食べさせようということも言われている。どの生きものも他のどの生きもののものでもない、夢のようなサケと人とのかかわりがあったのかもしれない。

アメリカやカナダでは、サケをクマやキツネが食べることによって、樹木も含めて海と川と森の物質循環が促進されるといった研究がある。その一方で、先住民が儀式と生業のためにサケを採捕することについての、多くの取り組みと配慮がなされているが、それと共に次のような研究も行われている。

二〇〇七年、ワシントン大学のステファニィー・カールソンら四名の研究者が、「クマによる捕食はサケの自然個体群を老化させる」という論文を報告している。これだけだと何だか分からないが、クマとサケとの関係については捕食がらみで多くの研究が行われているアメリカではここまでやるのかということである。

本研究では、アラスカのウッドリバー・レイクに注ぐ、六本の渓流に遡上するベニザケの産卵親魚六八六七尾を個体別標識放流している。老衰死（一三一七尾）、クマによる捕食（四二二二尾）、カモメによる捕食その他（四三四尾）、調査終了後も生存（八八二尾）とその末路を確認し、サケの老化と死に方との関係を進化論的に検討している。

白人のキリスト教文化の社会では、許されざる者としての有色人種や先住民より、イルカやクジラが自分たちに近しいとする感性もあるようだが、そのことと、このベニザケの研究とはどんな関係にあるのだろうか。先住民にとっては複雑な話のように思える。

ダムをやめれば、サクラ咲く

政権交代はしたけれど、ダムを作る方にも止める方にも仕込まれたサクラが入っていて、どうも実態が分からない。これでは〝サクラ革命〟ではないか。

筆者は長良川河口堰の建設反対運動に関わって以来、熊本県の川辺川ダム、愛媛県の山鳥坂ダム、山形県の最上小国川ダム、そして岩手県の気仙川の津付ダムなど、全国各地の川と海の漁業者や沿川住民の人たちと一緒に、ダムに反対する運動に参加してきた。長良川では、五十嵐、野坂建設大臣に面談した。ダムの問題をつうじて民主党の前原誠司、鳩山由起夫、菅直人など今の政権の中枢にいる人々へも会ってきた。

筆者のダムへの二〇数年の関わりの歴史を整理して、現在見えてくることを言う。

「穴あきダム」はめちゃくちゃだ

全国のダム計画の大部分は、多目的ダムとして始まる。すなわち利水＝工業用、農業用、上水用といった、水の利用。それにくわえて治水＝洪水を防ぐ。複合的な目的のための多目的ダムとして計画される。

しかし高度経済成長の終わった後、上水用の利水量が減少していって、工業用もそれほど延びないということがわかってきた。利水目的がだんだん削除されていく。すると治水目的のみが残る。洪水防止のために、大雨の時に降った大量の河川水を貯めて下流の洪水を防ぐ。そのための「貯水ダム」という風に目的が絞られてくる。というより、そう言わざるを得なくなってくる。

広大な面積に水を貯めると、何が起こるだろうか。そこに生きている木や草は全部死んでしまうし、大量の土砂も貯まる。ダムを建設することで、河川環境及び周辺の陸上の生物の生息条件を悪化させることになる。いわゆる環境面からの反対運動も起こってくることになる。

ということで、水を大量に貯める「治水目的の貯水ダム」であると言うこともできなくなる。結局はダムを建設したいがために、貯水目的不明の「穴あきダム」にしようじゃないか、という方向が最後に出てくる。近年とかく耳にする「自然にやさしい穴あきダム」が発案される背景には、こういう事情がある。

筆者が関わった熊本県球磨川の川辺川ダムも愛媛県の肱川の山鳥坂ダムも、津付ダムも小国川ダムも、地元漁民らの強い反対運動の中で、作りたい側はみんな最後は「穴あきダムにしよう」ということを言いだした。

しかし実際は、山形県小国川ダムの項でも述べたように、穴あきダムというのは屁にもならないものだ。

ダムは水を貯めるものだということは誰にでもわかっていることだが、水を貯めると色々問題があるので、水を貯めないダムを作ります、それが穴あきダムです、というめちゃくちゃな論理だ。これはいったいなんなのか。

「ダムに頼らない治水」へ

ついに、政権交代後のダム建設を見直す有識者会議では、「氾濫原を認める」ということを言い出した。二〇一〇年一月一六日の毎日新聞は〈河川氾濫を許容する方向〉になったと報道している。一〇〇年に一度の大洪水が起こる可能性があったら、洪水防止のために大きいダムを作るのではなく、大水がきても大丈夫なように、下流にあらかじめ「氾濫原」を想定しておく対応の方がいいんじゃないか、という考え方である。

これはアメリカなどではすでに取り上げている考え方だ。一〇〇年に一度の洪水を防ぐために膨大なお金をダムへ使うよりは、一〇〇年に一度の被害を少なくするための対策に費用を使う。ある地域には家を建てないとか、その方法は色々ある。

コストベネフィット、いわゆる費用対効果を考えれば、納税者にとってはダムよりもこちらのほうが納得のいくものである。というわけで結局は、〈ダムはもう作ってもしょうがない、ダムは無駄だ〉という方向に、現在の流れは大きく変わってきている。

この転換は、やはり第一に世論がそうさせた面がある。いっぽう土建業界や国の方にも、〈もうダムは作るだけ作ってしまった〉という局面にきている認識もあるようだ。

政権交代は〝サクラ革命〟である

以上のような情況で、それでもなおかつ、ダム計画を強行するならば、色々な無理が起こってくる。ダムを作る理由がもうない。環境への影響が大きい。国も地方も財政がきびしいのにお金が膨大にかかる。ダムを建設するには、これらの無理を抑えつけなければいけない。

民主党はマニフェストに記載した政策に必要なお金を、どこからか捻出しなくてはいけない。そのために「コンクリートから人へ」のうたい文句で予算の使い道を大きく切り替えようとする構図が二〇〇九年秋の政権交代で起こった。この政権交代については、色々な言い方がされている。秋に起こったからコスモス革命だと言っている人もいるが、筆者は〝サクラ革命〟と言ったらいいのではないかと思う。

なぜかというと、一つはダムを作らないことによってサクラマスの棲む川が助かる。もう一つ、サクラには一般の客のふりをして他の客の購買心をそそるという意味もある。民主党とゼネコンとの関係を見ていると、どうもダムを作るのにも止めるのにも仕込まれたサクラが入っていて、本当の実態がわからない。まさに〝サクラ革命〟ではないか。

いずれにせよ、政権が交代したからといって、他のことはほとんどなにも大きな変化は起こっていない。革命というにはおおげさだ。

各地のダム計画の行方を占う

いま話題になっている「計画が見直しされるダムのリスト」は、予算の付け方とからんで、大きく二つのグループに分かれる。

一つは国土交通省所管のいわゆる直轄ダム。全国で五六の事業がある。その中で予算がつかなくて、すでに中止になることが決まっているものがある。その代表で矢面に立っているのが群馬の八ッ場《やんば》ダム。それからほぼもう中止が決まっている北海道のサンルダム。

筆者がかかわったものでは、那珂川の水を地下トンネルで霞が浦まで運び、その水をまた利根川にやって都民の水にするという霞が浦導水事業。これも中止になるようだ。さらに愛媛県の山鳥坂ダム、熊本県の川辺川ダムも本格的に中止になるようだ。

もう一つは、国土交通省が所管しているけれども直轄ではない補助事業のグループがある。建設主体は各都道府県が中心のダムである。多くは地方が建設費の五割を負担する。

岩手県の津付ダムや山形県の小国川ダム、香川県の内海ダムなどはこのグループになる。筆者はこれらの地元へ直接話に行っている。長野県の浅川ダム、石川県の辰巳ダム、熊本県の路木ダムなどにも、

北海道サンル川の流れ（撮影：坂田潤一）

非常に深い関心を持っている。

「無理してダムを作らなくてもいい」

これらのダムが中止になるかどうかは、都道府県の知事と議会の考え方次第だ。国の金の補助がなくてもどうしても必要だから作るという判断をすれば、そのまま計画続行ということになる。しかし金の切れ目が縁の切れ目という。みんなそれほどまでして無理してダムを作らなくていいということになれば、中止になる可能性がある。

北海道天塩川水系サンル川のサンルダムの建設計画には、釣り人や淡水魚研究者や多くのダム反対運動をやってきた人たちが強い関心を持って、国会へ質問主意書も出ている。ダム建設によりサクラマス繁殖への影響が懸念されるとし、政府からの回答を求めている。

山形県の小国川は、地元の政治状況もあって、流域の小国川漁協が大反対を打ち出してまだ調査もやらせていない。こちらはまず、山形県が中止に踏み切るだろう。

一番問題なのは、岩手県気仙川の津付ダムだ。胆沢ダム建設と水谷建設、西松建設、鹿島建設——いわゆるゼネコンや中小の建設会社と、小沢一郎民主党代表との関係がいろいろ言われている。岩手県の国会議員はいま全員が民主党所属である。岩手県知事は現在のところ従来通り計画を続けると言っているが、これからどうなるかははっきりわからない。

サクラマスが甦《よみがえ》る方法はかんたんだ

今さら言う必要もないことだが、サクラマスにとって、ダム建設がいいことはない。本書では各地の川での事例を挙げてそのことを検証してきた。

筆者が好きで、推せんしたいサクラマスの研究論文がある。二〇〇九年三月の雑誌『科学』に載った、富山県水産試験場・田子泰彦さんの「サクラマスは蘇るか」という論文だ。

これは富山県神通川と庄川におけるサクラマスの漁獲量と遡上可能範囲の割合を、直近の九〇年間に渡って検証したもので、サクラマスの消滅をものがたる図には、びっくりさせられる。大事なのは、神通川では支流でサクラマスの自然産卵が行われることにより、サクラマス資源が支えられているという事実である。

サクラマスにとっての問題は、本流にできるダムだけではない。流入河川の途中にでもダムができれば、遡上を妨げられてしまい、サクラマスは本来行くべき産卵場へたどり着けないのだ。これはじつは他の川でもみな同じことである。

その意味で、岩手県の津付ダムは、気仙川支流の大股川に建設が予定されている。この津付ダムが中止されれば、いま大股川で産卵している何百匹ものサクラマスが産卵し続けられる。まさに広田湾気仙川水系のサクラマスの資源が維持されることにつながる。

岩手県気仙川をのぼるサクラマス（撮影：山下裕一）

サケ・マスのふ化放流事業の盛んな日本では、放流したサケ・マスは放した人の手元に戻ってきてもらわなければ困る。どのくらい戻ってくるか、すなわち放流効果を知るために放流魚の回収率（再捕率、回帰率ともいう）を知ろうとする努力が行われてきた。いわゆる〝回帰率〟の調査研究が欧米に少なく日本に多いのはこれが理由である。ただし、これは河川への残留率（サクラマスのみ）、降海率、海での被漁獲率、及び卵から親として産卵場にまで戻ってくる間の全過程における自然死亡率など、すべてがからんでいるので調査と推定が非常に難しい。Kato（1991）はサクラマスの母川回帰を明らかにした例として、真山紘ら（一九八五）の調査結果を取り上げている。以下に紹介する。

北海道日本海側尻別川支流のメナ川で、一九八一年四〜五月に平均尾叉長一三・八センチ、体重二八グラムのスモルトの腹びれを切った標識魚、七二七〇〇尾を放流した。そのうち六一〇〇〇尾が降海したと推定される。そして翌一九八二年の二〜六月に尻別川近くの寿都沿岸で、四八一尾が再捕された。そして八〜一〇月に三六一尾が放流したメナ川で再捕された。翌一九八三年の秋にも、一尾が再捕された。メナ川以外の川で再捕される〝迷入〟を示す結果はなかった。沿岸と河川での回収率は、一・三八パーセント、メナ川での回収率は〇・五九パーセントである。サクラマスの雌は平均二〇〇〇粒の卵を産むが、そこから二〇〇尾のスモルトができ、海に行って親として一尾戻ってくれば、その産卵単位群は維持されることになる。このようにしてその川のサクラマスが連綿として連なってゆく訳である。

サケ・マス類の遺伝的な研究を行った岡崎登志夫さんによれば、サクラマスの産卵群の遺伝的な相違の程度（遺伝的距離）は、産卵している川ごとに異なる。シロザケの場合は、北海道と本州東北部の四集団と計五集団間の遺伝的距離が、サクラマスの川ごとの遺伝的距離と同程度だという。カラフトマスでは、アジア大陸側と北米大陸側との遺伝的距離がサクラマスの川ごとの違いに相当するという。ベニザケの場合は川ごとというより、支流ごとに遺伝的に異なっているという。

これは、サクラマスでは同一の母川（ふるさとの川）を産卵場とする遺伝的に代々連なる繁殖集団があることを示す。遺伝的な連続性を保証する生活史の特性が、母川回帰性にあるということになる。

サクラマスに顕著な強い母川回帰性について、いろいろと考えられる。

(1) 海に出る前に、生まれた川で二年近く過ごすので、ふるさとの記憶の量（刷り込みや〝思い出〟）が多い。

(2) 海に行くのは雌中心で、雄は川に残っているため、どうしても生まれた川に戻らないと遺伝的につなげてゆけない。

(3) 池産系のサクラマスは回帰率が悪くなると言われている。池の中での継代飼育により海での生活能力の劣化が起こり、うまく川へ戻って来れなくなるのではないか。母川回帰に関する遺伝的特性があるとすれば、その劣化も起こっているのか。

(4) 生まれた産卵場所がダム建設などで破壊されたら、サクラマスの帰るべき場所が消滅し、連続性が断たれるということか。

サクラマスは、川と海とを自由に往き来するなかで自然産卵によって繁殖を繰り返すしかない。今後、自然産卵が増えてゆき、生まれた川や海に戻ってくるサクラマスが増えたら、それを沿岸漁業、河川漁業、遊漁者、他の動物、そして資源維持を可能とする自然産卵へと、どのように振り分けてゆくかを具体的に考えなければならない。桜鱒の棲む川とのつき合い方を、真剣にゆっくりと話し合い、考えてゆきたい。

エピローグ

桜鱒の棲む川のほとりで

ダムをやめ、ふ化放流ではなく自然産卵させることでサクラマスを増やす。——各地の桜鱒の棲む川と流域住民は、いま大きく動き始めている。

筆者は東京海洋大学（旧東京水産大学）では資源維持研究室をつくり、資源維持論を中心とした教育研究を行ってきた。現在資源維持研究所を主宰しているが、そもそも資源維持とは何か。その基本的な考え方は、沿岸漁民が〝漁場破壊を許さず、乱獲をしない〟ということである。それをサクラマスで具体的に考えてみる。

漁民の知恵、サステイナブルユース

サクラマスはどうすれば増やせるかと問われれば、何もしなければ増えると答える。ただし、してはならないこともある。次の四項目が資源維持の考え方である。

(1)川をこわさない。(2)ダムをつくらない。(3)乱獲をしない。(4)人工ふ化放流などで魚をいじらない。水質汚染、工作物設置や護岸工事、それらの総合体ともいえるダム建設といった漁場破壊を許さず、小さい魚を獲ったり、産卵魚や大きな魚を資源維持的な量以上に獲ってしまう乱獲をしない、ということである。

産卵魚の場合、何がなんでも獲るな、完全捕獲禁止というのではなく、維持的な獲り方をすれば何百年と獲り続けられる。ハタハタ、ニシン、キビナゴなどは昔から産卵のために接岸して獲りやすいときしか獲っていなかった。産卵親魚しか獲っていないのに漁は続いていた。そこには漁民の結果としての賢い知恵が働いていたからである。それを今風に言えば、ワイズユースであり、サステイナブルユースということである。じつはサケ・マス類も江戸時代というより一五〇年くらい前まではそうであった。なお、資源維持論のキーワードとしてスモール（スモール・イズ・ビューティフルの意味で）、ソフト（ハードウエアに対するソフト）、サステイナブルの3Sがあるが、これらを言い表す適切な言葉として、〝やさしい〟がある。

二〇〇五年にアメリカで出版されたダグラズ・ドオウム・ピァーの『サケ獲る人々の闘い：聖なる魚を救うための部族の伝統と近代科学の融合』についての、アンドリュー・フィッシャーの書評は面白い。最初の部分をそのまま紹介する。

魚類生物学者や他の専門家の間で、コロンビア州の鮭の産卵遡上における残念な状態は、遡河回遊魚の黙示録で言うならば、四つの h という特性で言い表せると、一般に認められている。それは hydropower／水力発電、habitat (loss)／生息場所（喪失）、harvest／捕獲、そして hatcheries／ふ化場である。これらの被告人の最後のものは鮭の再生に関る学者、科学者そして擁護者の間で最も理解されておらず、また最も議論されている。多くの環境保護論者がふ化放流魚は天然魚の系群（stocks）に対して脅威であるとみなす一方、天然産卵魚を再生するためのふ化放流魚の移殖による生息環境の復原と組み合わせた増補（supplementation）と呼ばれる技術に北西地方のインデイアンの部族とその仲間は大きな信頼を置いている。

北米北西海岸や北海道の先住民（First Nation）とサケとのかかわりについては、ここではこれ以上触れないが、ジュテイス・ロウシとメグ・マックハチスン編の『First Fish,First People―北太平洋周縁のサケの話』（一九九八）をはじめとして、豊かな世界が拡がり始めている。十数年前のこの本の中ではチカップ美恵子さん、萱野茂さん、萱野志朗さん、小田イトさん、松居友さん達がアイヌの人々とサケについて語っている。

一五〇年前のやさしさ、〝木ノ葉払い〟

本題に戻って、一五〇年前にサケ・マス類ではワイズユースが行われていたのだろうか。高橋美貴の『近世漁業社会史の成立』（一九九五）や『「資源繁殖の時代」と日本の漁業』によると、〝木ノ葉払い〟というのがそれに相当するようである。

一八七九（明治一二）年の暮れ、岩手県税務課の佐藤八等属の行った宮古川（現在の閉伊川）の鮭留置場の年期（漁場利用を岩手県が許可した年限）が切れるにあたっての現地調査の復命書にその言葉が出てくる。その漁場を利用している稼ぎ人、大森興兵衛ら七名が求められて出した意見書の中で、木ノ葉払い（宮古川）と瀬川仕方（津軽石川）とのやり方が違うと説明している。瀬川仕方というのは夜漁の禁止とサケ稚魚の保護とを組み合わせた慣行であり、木ノ葉払いと呼ばれるのはサケの産卵期に合わせて鮭留を開放し、サケの遡上・産卵を維持する慣行である。

木ノ葉払いは、木の葉が川に落ち、留網に引っかかる時期に獲れるサケを留網を一昼夜に一、二度ずつ明け払いサケを遡上させるという、何ともやさしく分かりやすい習わしである。岩手県はこの復命書を受けて翌年全県的に法制化する。なお以上のような慣行は一七世紀末から一八世紀前半にかけてすでに岩手県で成立していたようである。

この木ノ葉払いのような慣行が岩手県のみならず東北地方で広く行われていたのではないかと考えさせるのが、「鮭の大助《オオスケ》」伝承である。この伝承は今泉川（現在の気仙川）のある岩手県をはじめ青森県から新潟県まで三〇カ所ほどで残っており、その半分の地域は山形県にある。オオスケはマスノスケ（キングサーモン）を思い出させるが、実際いまでも日本海でごくたまにマスノスケは獲れるし、アイヌ語でケネン、アペケシなどと呼ばれ、本州の大きな川にも遡上していたことがあったのかもしれない。

以上を整理すると、新潟県の三面川など二〇〇年以上前から種川制をしき、藩がきびしくサケの捕獲を管理していた少数の特別な河川をのぞけば、多くのところでサケの漁獲が自由であったことが考えられる。しかし、岩手、山形などに見られるように村落共同体としてサケの獲り過ぎを防ぎ、毎年獲り続けられるように守った可能性がある。

これが何もサケに限ったことではなく、岩手県では二〇〇年以上にわたり俵物として輸出するアワビを、年に五、六日の開口日にかぎ採りという獲り過ぎにならない漁法で獲るというやり方を現在まで続け、日本一の生産県となっている。なお内村鑑三も三面川の種川に関心をもち、彼が北海道を去ってから種川制度が北海道で導入されたという報告もあるようだが、そこに資源保護を名目とした捕獲禁止措置との違いを見つけることは難しい。

シロザケにおいては、現在では沿岸で漁獲し国内で消費しきれないものは中国などに輸出し、河川で捕獲したものについては全量人工ふ化事業に供する完全ふ化放流の時代となった。平成一七年八月のさけ・ます資源管理連絡会議の資料から、北海道、岩手県、山形県、新潟県のサケ増殖事業に関する二〇〇三年の数値を【表】にまとめた。

サケに見習え――。とばっちりを受けたサクラマス

以上、これまで見てきたものは、シロザケについてであって、サクラマスについてではない。数の少ないサクラマスを区別してその漁獲量の変化やそれへの対応に関する文献資料をさがすのは難しい。それゆえ一二〇年前の、一八九〇年前後の河川別漁獲量が全国的に記載されている『水産事項特別調査』(35ページ)は貴重な資料といえる。

『水産事項特別調査』の中で岩手県の安家川についてはサケもマスもまったく触れられていない。この〝隠れ里〟のような安家川が、現代ではさけ・ます資源管理センターのデータベースに報告されている岩手県の唯一の資料であり、岩手県期待の桜鱒の川として、全国的に知られている。

本書98～107ページの安家川で述べているように、二〇〇六年に遡上親魚量が増加するという調査報告を出した筆者の役回りは、内村鑑三や佐藤八等属と似ているところもある。その結果、春のウライでの採捕が一〇〇本を超えたらウライを開放するという約束が履行された。ささやかな木ノ葉払いが行われたということである。

表：2003年度のサケ捕獲数と放流数（単位：万尾）

	沿岸での漁獲量	河川での捕獲数	放流した稚魚数
北海道	5612	332	99257
岩手県	785	93	44620
山形県	7	9	3415
新潟県	11	8	2529

しかし、秋遡上の採捕は従来通りなのでまだまだ一〇〇パーセント自然産卵には遠い。そうなった時、107、そして187ページの写真に見られる安家川の沿川で、人々がサクラマスを楽しむ光景を想像してみよう。

本書で筆者は、安家川でのサクラマス人工ふ化放流のための親魚の秋採捕はやめたほうがよいなどと、サクラマスの人工ふ化放流に対して否定的な見方をしている。その理由を改めて整理する。

(一)シロザケのふ化放流事業(栽培漁業)がうまくいったので次はサクラマスだと考えたときに、なぜ欧米ではサケ・マスのふ化放流事業に熱心ではないのかと考えねばならなかった。イギリスやノルウエーなど欧州で大切なサケ・マスはタイセイヨウザケであり、北米大陸北西岸(太平洋北東沿岸)で大切なのはベニザケであり、共に幼魚期における河川生活が長く、遡上から産卵までの河川生活期間が長い。

(二)こういう条件というか生活史はサクラマスと同じく人工ふ化放流には適していない。だから欧米では人工ふ化放流偏重にならなかった。そのことをわきまえず、サクラマスでもとマリンランチング計画に突入した。まさにサクラマスはサケに見習えとばかりに、とばっちりを受けたのである。

具体的に、人工ふ化放流用の親魚採捕との関連でサクラマスの利用の仕方を山形県と新潟県で比較してみる。【図】に見られる傾向を整理すると、

(1)両県ともに一時期五〜六〇〇〇本となるが現在山形はその半分、新潟は五分の一になっている。なお参考までに北海道の河川でのサクラマス漁獲本数は二〇〇三年からの三年間の平均は一万本である。

(2)さけ・ます資源管理センターへの捕獲数の報告状況はデータベースによると、新潟は最近一二年間の捕獲数が県統計とデータベースが全く同数の全数報告。山形は二〇〇〇年からの五年間平均のデータベー

ス報告数は六七七本で、県資料の捕獲本数の二三パーセントだ。北海道は二〇〇三年と四年は一パーセント分の九三九本が、データベースの方が多くなっている。

(3) 新潟県では春採捕と秋採捕の数が区別できる。人工ふ化用採卵の中心となる秋採捕の本数がこの二〇年間に四四〇本から二四〇本と半減したのに対し、採卵していない春採捕は一四六〇本から一二八〇本へとそれほど減っていない。

(4) マリンランチング体制下新潟県では春秋共に完全採捕され、木ノ葉払い的なお目こぼしが少ない。対して、山形県では春秋共に採捕の網がゆるやかだ。支流や沿岸小河川に入ってしまった親魚の自然産卵が、山形県の河川捕獲数を支えているのかもしれない。

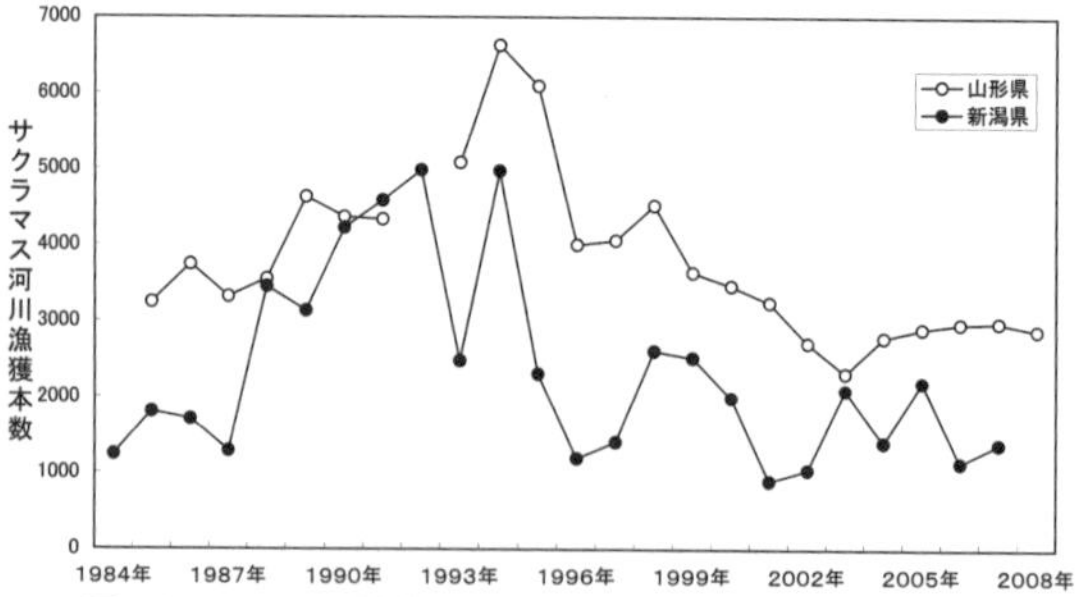

図：サクラマスの河川漁獲量の変化
「山形県の水産」及び、新潟県降海性ます類増殖振興事業調査報告書→さくらます資源増殖振興事業報告書→さけ・ます資源管理資源管理推進事業報告書による。

桜鱒の棲む川をめぐる新しい動きと、広がるサクラマスの未来

それでは、ふ化放流ではなく、自然産卵させることでサクラマスを増やそうとする方向へ、大きく舵を切ろうとしている各地の川について、ここ半年の現状を見てみる。

福井県九頭竜川の項で紹介した小支流、永平寺川では、その後釣り人グループ「サクラマス・レストレーション」（前身はサクラマス・アンリミテッド）、福井県水産課、福井県内水面水産総合センター、福井県土木事務所、

永平寺町役場建設課、九頭竜川中部漁協などが共同して、産卵床造成や淵の維持などを行い、自然産卵増強の取り組みを二〇〇九年秋に行っている。まさに九頭竜川を世界一の〝桜鱒の棲む川〟にする第一歩が始まっている。日本一にすればそれは世界一である。

二〇一〇年三月には、秋田、山形、富山の三県で行われている三年がかりの「本州日本海域さくらます資源再生プログラムの開発」事業の報告書が完成した。その内容の一部を山形県内水面水試のホームページで見ることができる。サクラマスの資源再生の方向性は、本書51ページの極言に尽きる。

こういった流れは、国がサクラマスのマリンランチング計画をあきらめて、木ノ葉払いでまだ間に合うというか、そうするしかないと認めたことを示しているとも言える。またあまり大きな問題ではないが、自然産卵促進の産卵床造成なども増殖義務の遂行にあたるという本来の考え方が認められ、今後は何が何でも義務放流という考え方が弱くなる。

漁協が認めればダムができ、漁協が認めなければダムはできない。そして漁協が川を川として、魚を魚として活かすことを考えれば、色々な事情ですでに存在するダムも撤去できることを示したのが、熊本県の球磨川である。

球磨川の支流川辺川にダムをつくらせなかった漁協の人々は、すでに存在する荒瀬ダムについてもアユを守ろうと水利権をたてにダムの撤去を県に求めた。川辺川ダムの収用委員会で筆者が代理人として審議に十数回通った毛利正二さんが漁協の理事となり、荒瀬ダムの撤去を県に申し入れたことが、二〇一〇年二月一三日の西日本新聞で報じられている。無用の長物となり果てている長良川河口堰や二風谷ダムも速やかに解き放つべきである。

民主党が応援した知事であり、政権交代のダム見直しにより建設中止になるかもしれないと考えられる小国川ダムについて、山形県はまだやる気充分のようである。小国川漁協に説明会の申し入れをしているが、漁協が二〇一〇年三月一五日現在、きっぱりと断り続けている。そうである限り、アユもサクラマスも安心して棲み続けられる。

高知、福岡で桜の開花宣言がなされた同じ頃、岩手県の「めぐみ豊かな気仙川と広田湾を守る地域住民の会」から、〝桜鱒の棲む川〟トーク会へのお誘いがあった。北里大の朝日田卓さんや、二〇〇九年『おばんです いわて』で気仙川と盛岡市を流れる北上川支流簗《やな》川のサクラマスの自然産卵を撮影・放映したNHKのカメラマン、そして二〇一〇年二月末の津波を耐えしのいだカキ養殖漁民の皆さんと共に、気仙川とそこに棲むサクラマスの未来について語り合い、その後、六月上旬の桜が残る安家川にサクラマスを見に行きたい。

筆者もサクラマスをめぐる旅の出発点に帰る。

岩手県安家川、安家集落付近

あとがき

この本を当初編集者は〝世界で初めてのサクラマス本〟というふれ込みで宣伝したいと言ってきたが、それは違うのではと言った。サクラマスの過去と現在、そしてこれからについて一つの考え方をまとめたという点において類書がないという自負はあるが、〝世界で―〟ということになると、やはり『Pacific Salmon』の中で加藤史彦さんがまとめたものが最適であろう。

加藤さんはこの本を書き上げてその出版を見る前の一九九〇年に突然の病で亡くなられた。加藤さんとは東京大学農学部水産学科の同じ研究室の大学院生として、一九六八年から六九年にかけて時には行動を共にすることもあった。加藤さんはその後すぐに新潟の日水研に就職されお会いして話をする機会もなかったが、水産庁の日本海区水産研究所の連絡ニュース№三一三（一九八〇年七月）の中で、若手のとりまとめ役を仕事として命ぜられたサクラマス・マリンランチング計画を紹介する文章の最後を、次のようにしめくくっている。「最後に、現在の計画の中には成魚の研究が見当たらないが、種苗放流がままならぬ現状では、天然の再生産をもっとも有効に利用するために必要な遡上親魚数を見積ったり、それと関連する漁業管理のための研究をひき続き行なう必要があると考える。また、河川においても親魚の捕獲状況を把握し、その保護策を求める研究も同時に必要であろう。これらは計画が将来実用段階に入った際に、最も合理的な漁獲方法を決定する時にも役立つであろう。（日水研技官）」

本書を書き上げてみると、彼のこの真意と瞋恚《しんい》（怒り）を、私が日本の川の中に見極めようとしていたことがわかる。この度本書39ページの図を作成するにあたりKato（1991）の図を引用させて頂くことについてご快諾下さった加藤玲子さんに謝意を表する。なお、Kato（1991）では全くマリンランチングには触れておらず、日本では行われていないエスケープメントという語を用いていることを付記する。

前から気になっていた内村鑑三とアイヌの人々とさけ・ますふ化事業との関係について貴重な未公刊資料の存在を御教示下さり、かつその原典複写資料を恵与して下さった北海道立水産孵化場の遠藤龍彦さんに厚くお礼申し上げる。本書の執筆過程の当初からいろいろご教示下さった真山紘さん、サクラマスの貴重な写真の掲載に協力してくれた坂田潤一さん、田子泰彦さん、松田洋一さん、山下裕一さんはこの本を実り多い楽しいものにして下さった。

北海道水産孵化場をはじめ青森県、岩手県、秋田県、山形県、新潟県、富山県、石川県、福井県、京都府、宮城県等の内水面およびサクラマス増殖関連試験研究機関や漁業調整の担当者の方々には多くのご教示を頂いたが、お一人お一人のお名前を明記しないことをお許し下さい。また、老部川と安家川を始めとする各地の内水面漁業協同組合の方々への不躾な質問にも親切にお答え下さり厚くお礼申し上げます。

本書の中では多くの方々の文章を出所を明記して引用させていただいた。国や道、県の水産行政への忌憚ない批判を行なっているがその責任はすべて筆者が負うものである。

『フライの雑誌』連載時からこの本の完成まで共に調べ、考え、面白がってくれた編集発行人の堀内正徳さんと、図表の作成をはじめ全面的に応援してくれた、いすみりんさんに記して感謝する。

二〇一〇年四月　水口憲哉

初出一覧

Ⅰ	プロローグ― 桜鱒の棲む川をめぐる旅の始めに	単行本書き下ろし
Ⅱ	六億六千万円かけて遡上ゼロの「県の魚」	第71号／2005年12月
	コラム① サクラマスの起源を考える	単行本書き下ろし
	サクラマスのロマンと資源管理	第73号／2006年5月
	コラム② ヤマメとサクラマスとを分ける鍵、スモルト化	単行本書き下ろし
	一二〇年前のサクラマス漁獲量を読み解く	第74号／2006年8月
	コラム③ サクラマスの海洋生活と母なる川	単行本書き下ろし
Ⅲ	山形県・小国川 ダムのない川の「穴あきダム」計画を巡って	第76号／2007年2月
	コラム④ カワシンジュガイは氷河時代からのお友達	単行本書き下ろし
	山形県・赤川 サクラマスのふ化放流事業は失敗だったのか	第77号／2007年5月
	コラム⑤ 信州の高原にサクラマスが遡った日	単行本書き下ろし
	秋田県・米代川 サクラマスの遊漁対象化と増殖事業との複雑な関係	第78号／2007年8月
	富山県・神通川 サクラマス遊漁規制の経緯とその影響	第79号／2007年11月
	コラム⑥ 「戻りヤマメ」とは何だろう	単行本書き下ろし
	福井県・九頭竜川 九頭竜川は〈世界に誇れるサクラマスの川〉になるか	第80号／2008年2月
	コラム⑦ 自由なサクラマス釣りの魅力とその未来	単行本書き下ろし
	石川県・犀川 南端のサクラマスと辰巳穴あきダム訴訟	第82号／2008年8月
	コラム⑧ 湖に閉じ込められたサクラマスたち	単行本書き下ろし
	新潟県・三面川ほか 新潟サクラマス釣り場の現状と問題点	第83号／2008年11月
	コラム⑨ 中禅寺湖のホンマス、木崎湖のキザキマスの正体	単行本書き下ろし
	岩手県・安家川 サクラマスよ、ウライを越えよ	第84号／2009年2月
	青森県・老部川 原発、温廃水、サクラマスの〈ブラックボックス〉	第85号／2009年5月
	コラム⑩ 海と川のサクラマス、どちらがおいしいか	単行本書き下ろし
	岩手県・気仙川 サクラマスが群れる川の、ダム計画	第86号／2009年8月
	コラム⑪ はじめに人工ふ化放流ありき	単行本書き下ろし
	したたかに生き延びよ、サクラマス	第87号／2009年11月
	コラム⑫ マリンランチング計画という悪い冗談	単行本書き下ろし
	北海道・斜里川ほか 北の大地のサクラマス、特別な事情	第88号／2010年2月
	コラム⑬ 内村鑑三とサケ・マス増殖事業	単行本書き下ろし
	岐阜県・長良川 長良川河口堰とサツキマスの自然産卵（中野正貴と共著）	第30号／1995年6月
Ⅳ	レッドデータブックを疑え	第87号／2009年11月
	コラム⑭ キツネのチャランケ	単行本書き下ろし
	ダムをやめれば、サクラ咲く	第88号／2010年2月
	コラム⑮ サクラマスは故郷の川でしか生きられない	単行本書き下ろし
	エピローグ― 桜鱒の棲む川のほとりで	単行本書き下ろし

※書き下ろし以外は季刊『フライの雑誌』初出

参考文献

1. 農商務省（1894）水産事項特別調査 731頁

2. 大島正満（1957）桜鱒と琵琶鱒、楡書房札幌、79頁図版1　本書及び引用した他の大島正満の論文はすべて、淡水魚保護協会機関誌「淡水魚」別冊（1981）"大島正満サケ科魚類論集、に完全集録されている。

3. Kato, F. (1991) Lite histories of Masu and Amago Salmon(Oncorhynchus masou and Oncorhynchus rhodurus)P.447-520　in C.Groot and L.Margolis ed. Pacific Salmon Life Histories P.564 University of British Columbia Press

4. Meffe (1992) Techno-Arrogance and Half way Technologies : Salmon Hatcheries on the Pacific Coast of North America. Conservation Biology 6 (3) 350-354

cover photo：気仙川をのぼるサクラマスの群れ（撮影：山下裕一）

桜鱒の棲む川

2010年4月30日第1刷発行

著者　水口憲哉

編集発行人　堀内正徳

印刷所　（株）東京印書館

発行所　（有）フライの雑誌社

〒191-0055 東京都日野市西平山2-14-75 Tel.042-843-0667 Fax.042-843-0668

http://www.furainozasshi.com/

Published/Distributed by FURAI NO ZASSHI 2-14-75 Nishi-hirayama,Hino-city,Tokyo,Japan